阅读成就思想……

Read to Achieve

表达艺术治疗系列

乌云会来，也会去
艺术疗愈情绪

［美］露西娅·卡帕基奥内 ◎ 著　黄珏苹 ◎ 译
（Lucia Capacchione）

The Art of Emotional Healing

中国人民大学出版社
·北京·

图书在版编目（CIP）数据

乌云会来，也会去：艺术疗愈情绪 /（美）露西娅·卡帕基奥内（Lucia Capacchione）著；黄珏苹译. -- 北京：中国人民大学出版社，2024. 9. -- ISBN 978-7-300-33220-8

Ⅰ. B842.6

中国国家版本馆CIP数据核字第2024MV0016号

乌云会来，也会去：艺术疗愈情绪

[美] 露西娅·卡帕基奥内（Lucia Capacchione） 著
黄珏苹 译
WUYUN HUI LAI, YE HUI QU : YISHU LIAOYU QINGXU

出版发行	中国人民大学出版社			
社　　址	北京中关村大街 31 号		邮政编码	100080
电　　话	010-62511242（总编室）		010-62511770（质管部）	
	010-82501766（邮购部）		010-62514148（门市部）	
	010-62511173（发行公司）		010-62515275（盗版举报）	
网　　址	http://www.crup.com.cn			
经　　销	新华书店			
印　　刷	天津中印联印务有限公司			
开　　本	720 mm×1000 mm　1/16		版　次	2024 年 9 月第 1 版
印　　张	17.25　插页 1		印　次	2025 年 5 月第 3 次印刷
字　　数	180 000		定　价	79.90 元

版权所有　　侵权必究　　印装差错　　负责调换

推荐序一

严文华
华东师范大学心理与认知科学学院教授

通过艺术表达和疗愈情绪

表达性艺术治疗的天地非常深远辽阔，可以承载人们心灵最深处的痛苦、悲伤、愤怒、喜悦，既可以帮助儿童，又可以帮助年轻人，还可以帮助到老人。它的创造性、自发性、直接性深深地吸引着我，让我为其投入热情。从进入表达性艺术治疗的百花园开始，我为之沉醉了20多年，至今仍然保持着当年初次接触时的热情。正是这种热爱感染了我的学生、学员和读者。但每逢别人请我推荐关于情绪管理方面的自助书时，我都会比较苦恼，因为不太容易找到合适的自助专业书籍。而目前展现在你手上的这本书，正是一本适合大众阅读和实践的专业书籍，同时它也适合心理学专业工作者用来设计专业活动时寻找灵感。

这本书之所以吸引我，是因为我和作者同为表达性艺术治疗工作者，在很多方面心有灵犀，比如我们都关注对情绪的工作。我这些年来一直也在做综合运用多种技术进行情绪表达和情绪管理的工作，只不过我更关注两种特定的情绪——

愤怒和悲伤，因为这是我在中国人身上看到的具有集体性共识的情绪。我在工作坊中也会使用人体情绪图，让当事人在人体图上涂颜色、画形状，寻找情绪的身体根源。我还会创意性地尝试运用多种媒材来表达情绪。我的实践活动也是整合导向的，涉及多种技术的综合……在此，我愿意和你分享我的读后感。

本书以情绪疗愈为主题，共有三个模块，分别是了解自己的情绪、表达自己的情绪、接纳自己的情绪。作者露西娅·卡帕基奥内运用了多种艺术表达的方式和多种媒材，设计了60多个简单而有效的表达性艺术活动，通过涂鸦、画画、舞动、写作、雕塑等表达情绪，让自己的情绪通过视觉化的图像被看见，通过与黏土的揉捏被触碰，通过音乐的旋律被听见，通过身体的动作被感受。

运用艺术方式疗愈情绪

作者在本书中传递出来三个非常重要的观点。

一是情绪的重要性。在现实当中，人们的情绪和感受常被否认、被低估。在中国文化中，情绪常被隐藏，然后会被转化为躯体症状，比如说偏头疼、背痛、失眠等。但情绪是重要的，因为情绪是能量。与自己情绪隔离的人像生活在沙漠中，内在是干涸的、没有滋养的。而总是沉浸在某种情绪当中的人，也会被这种情绪淹没或吞噬，无法做自己情绪的主人。情绪看不见，但它却影响着人们的工作、学习和生活。作者说道："如何培养所谓的情绪素养？如何学会解读和说出情绪的语言，包括我们自己的和别人的情绪？我的方法是接纳这些情绪并从中学习。为了这样做，我们必须学习情绪的语言，这是你内在小孩的语言，是身体、内在艺术家和灵魂的语言。这是亲密的语言，是我们和自己、和他人最深层的沟通。一旦学会了，这种语言就能带给我们最高的智慧和最大的创造力。"这本书就是使用图画的方式看见这种语言，使用雕塑的方式触摸这种语言，使用音乐的方式聆听这种语言，使用舞动的方式感受这种语言。

二是对艺术活动不评判。首先，不评判是指当事人本人放下评判心，这些评判常常阻碍人们开始艺术活动，最常见的标签是"我不会画画""我不会跳舞""我的雕塑很丑陋"。这些标签有可能从人们很小的时候就被贴在自己身上了。一方面，人们用这些标签自我保护，获得内在的安全感；另一方面，这些标签也限制了人们挖掘潜能的可能性，人们听凭这些标签让自己裹足不前。其次，评判还来自其他人，或来自想象中的他人。当人们把自己的艺术作品展现给别人的时候，满心期待得到好评或被充分理解。有可能我们过于脆弱，别人中性的话语在我们听来是评判性的；也有可能是有些人只会用尖刻的评判来彰显自己的高人一等。即使是那些自己觉得画得非常好看的图画，在分享给别人的时候也会存在风险，因为不同的人可能会有不同的看法，而这些不同的看法，有可能会伤害到你。有些时候，哪怕仅仅想象我们做身体舞动的时候旁边有其他人在场，我们都可能会身体僵硬、手足无措。作者建议所有的艺术作品和所有的过程都只对自己开放，"展示这些作品可能会招致别人的批评，他们会用语言把你的作品撕成碎片……你不需要负面的反馈，因为它可能让你彻底封闭自己"。明确创作的目的只是为了表达情绪，而不是为了让最后的作品赏心悦目，或者获得别人的好评，这样就可以减少评判对艺术活动的干扰，从而允许真实的情绪流淌出来。人人天生都是艺术家，我们可以从孩子身上看到这一点。只要放下自我批评，不去理会外在评价的声音，就可以天然地展现自己。

三是关注过程而非结果。"这是过程艺术，你运用的方式和获得的体验比最终作品更重要。怎么强调这一点都不为过。如果你太在意最终作品，就失去了表达艺术的全部意义。这和你、你的情绪有关，和高雅的艺术无关，表达艺术就是通过有创意的出口宣泄所有情绪。如果你不经意发现，你的表达艺术作品变成了你想进一步发展的赏心悦目的作品，那非常好。但是那绝对不是目标。类似地，如果被埋没的才华浮现出来，你想开发它，那么我完全鼓励你，但以表演为导向的艺术活动属于另一个范畴。"

本书的五个特点

本书的第一个特点就是它的专业性。专业性是任何一本心理学书籍的生命力，也是有别于非心理学书籍的分水岭。作者受过相关专业训练，在1977年获得美国艺术治疗协会的注册艺术治疗师，写作本书的时候，她已经在相关的领域工作了20多年。本书也是她多年实践经验的一个总结。

本书的第二个特点是它综合运用了多种表达性艺术治疗的方法。具体来说，包括绘画治疗、音乐疗法、舞动疗法、写作疗法，以及这些疗法的结合，比如音乐、摆动和图画的结合：在听加布里埃尔的五种节奏的音乐时做身体的舞动，并且用任意一只手或用两只手伴着五种节奏画画。如果你是偏好视觉性的读者，你就会特别享受第4章，用颜色来表达情绪；如果你是倾向于听觉型的人，你就可以重点看第6章，用声音来表达情绪；如果你是内在感觉型的，你就可以重点看用黏土工作的部分；如果你是注重身体感受的、注重运动的，你就可以重点看第7章，通过身体的舞动来表达情绪；如果你是愿意通过文字表达的人，你就可以重点看第8章，通过写作疗法表达情绪。如果你是混合型的，所有的感官都是比较平均发展的，你就可以享受书中所有的活动。在中国中小学正规教育活动当中，视觉型的孩子往往更占优势，因为大部分知识教授都是以视觉型方式输入的。而以其他类型见长的孩子可能受到各种局限，在学习上不占优势。而表达性艺术治疗运用多种方式，可以充分调动人们的各种感觉器官和内在感受，让每个人既利用自己所长，又拓宽自己获取和加工外界信息的渠道，更有可能成为一个全面发展的人。这也会促成吸收知识的效能发生变化。

本书的第三个特点是作者本人是所有这些技术的受益者，然后她把这些对她有用的技术运用在自己的教学、工作坊中，最后集结在本书中分享给读者。读完这本书，我领悟到一点，这本书在某种意义上是一本励志书，作者本人的成长历程穿插其中，她曾经是情感障碍的受害者，曾得过无法诊断出来的病，离过婚、失过业，有过多年的挣扎，然后通过运用表达性艺术的方法，她更深地理解了自己。她的外在状况可能没有发生明显变化，但她的认知和心态变化了，所以有更多的空间容纳那些应激事件了。对于书中的某些活动，她是用自己的作品来举例的。她运用了大量的自我揭示技术，让读者知道这些技术是如何有效地帮助过她的。在我看来，这样的直面是需要勇气的。

本书的第四个特点是可操作性强。作者有多年实践经验，带领过很多工作坊，她非常了解如何设计并带领一个活动。她在书中设计的活动都是围绕明确的目标展开的，针对性很强，适合读者自己在家中操作。对不适合的群体或活动，她也有提醒。她还细致地列出了活动所需要的媒材，提到不同媒材擅长表达的情绪，如粉笔很适合表达比较微妙、比较柔和的情绪；释放愤怒、沮丧这类热情绪的最好方式之一是制作拼贴画，因为拼贴的过程中需要撕碎东西，而撕碎东西可以让人们发泄愤怒。作者还推荐了相关的音乐资源和其他相关材料，从而大大增加了操作的便捷性。另外，她有丰富的写作经验，不光是在写作疗法当中锻炼自己，她还是10多本书的作者，所以擅长把艰涩难懂的专业知识化为故事和个案，用通俗易懂的语言描述出来。

本书的第五个特点是结合了中国文化。在你阅读本书的时候，我不知道你是不是会和我有同样的感受：有些内容非常亲切熟悉，因为它们直接来自中国文化。

比如，露西娅·卡帕基奥内在提到情绪跟五脏的关系时，是不是会让你想起《黄帝内经》中的五志"心志为喜，肝志为怒，脾志为思，肺志为忧，肾志为恐"？当她提到"音乐具有疗愈的作用。它可以释放被埋藏的情绪，开启新的力量和创造性"时，是不是会让你想到中国文字中的"乐""药"同源？传说仓颉造字时，"药"字就是从"乐"字而来的。乐在产生之初就是用来治病的，本身就是药。书中还提到了一些特定的发音，是不是会让你想到六字箴言"唵嘛呢叭咪吽"？另外，当她提到舞动时可以感受自己体内的气，这是不是也会让你想到中国人常说的气感？作者认为这些都是非常有益的部分，所以在她的工作中，她会使用东方文化元素。

推荐使用本书的方式

和传统的书不同，这是一本体验书。在阅读本书的时候，我采用的方式是一边读一边做书中的练习。可能第一次无法全部做完，没有关系，我是先挑自己特别感兴趣的活动来做的。到第 7 章舞动的部分，我会边听她推荐的音乐，边感受自己的内心。然后我就觉得坐不住了，一定要从椅子上跳起来，要让身体动起来。我是带着激情去操作这本书的，当我真正动手操作的时候，我会觉得那些内容特别有帮助。我不知道你是否也会用同样的方式来阅读这本书。实际上，2006 年这本书的英文版，在亚马逊网站上的副标题就是"60 多个简单的探索情绪的练习，通过涂鸦、画画、舞动、写作、雕塑等表达情绪"。只有真正动手去做，才能够体现这本书的价值。这本书并不是用来单纯阅读的书，如果只是单纯阅读的话，你的收获是有限的。它真正的价值在于，你要把阅读拓展成为动手操作、情绪体验。

结语

　　任何一种技术在不同文化中的使用都会涉及跨文化调适和本土化，这本书也是如此。作者大力强调的"不要在意他人的评价"对中国读者来说是一件非常不容易的事情。另外，这本书的英文版最初出版于 2006 年，这些年表达性艺术治疗在理论上、方法上、媒材上有了更多的发展，在情绪层面和脑神经科学等跨学科也有了更多的结合。但是作者的整体思路、活动的设计仍然具有强大的生命力。整体而言，本书是一本专业的、可操作性非常强的、自助助人的、专门针对情绪的表达性艺术治疗书。

2024 年 7 月　于上海

推荐序二

赵小明

中国心理卫生协会心理咨询与治疗专业委员会文化心理组委员

用艺术疗愈情绪、疗愈你的"真实的我"

关于"真实的我"

你可能会觉得自己天天都是一个样子,但其实你有很多面、很多个"我"。在生活的舞台上,每个人都扮演着多个角色。对于不同的人,在不同的情况下,我们会以不同的角色呈现。而"真实的我"就是我们主要的内在角色之一。

常说的"真实的我"到底是什么

在我们人的自我结构里,最核心的是自体。这个自体可以认为是一个人关于"我是谁"的最内核的部分。

中国文化天人合一的理念对一个人的自我成长、自体的成长有一个具体的修炼方法,那就是元婴论。中国古代传统修炼认为,我们应该去修炼自己的自体,修炼自己的元婴，而修炼的最终状态是达到天人合一。

道教十分重视保持"婴儿""赤子"的状态，在道家传统思想中，有一个"元婴"，即返璞归真，通过修炼达到清静无为之境，心灵犹如婴儿一样，元婴的修炼也是内丹修炼的一种方式。

简单地说，元婴是指修真之人凝聚全身元气，化成一个纯能量体的自己，也就是一个缩小版的自己。

婴儿长大是身体的长大，但是在人身体长大的同时，精神上也要长大，而精神上的长大也就是我们平时说的"自我成长"，其实就是一个人如何去发展他的自体部分。

"真实的我"藏在哪里

抛开生物学上的意义，"心"就是我们所说的"真实的我"，这是我们的人格中柔软、脆弱的部分，指向感受和直觉。我们和心联结的时候，也和真实的我相联结。

除了智力年龄外，我们还有情绪年龄。一个人可能看起来很成熟，但在和亲近的人相处时却像个冲动的孩子。当我们做出情绪上的反应时，其实就产生了一种自发性的"年龄回溯"。如果你也是这样，那一定要明白：你的心里一定有个"真实的我"需要你的关注。

"真实的我"会怎么表达

本书的作者敏感地洞悉：我们的情绪反应和习惯正是"真实的我"直接的表

达方式。

作者认为，情绪有颜色、情绪有形状、情绪需要表达、情绪有身心症状，所以当情绪被接纳、被表达时，它们会穿过我们的身体，让我们充满活力和创造力。

基于此，本书分为拥抱你的情绪、表达你的情绪、理解你的情绪三部曲。情绪表达部分充分从情绪的颜色、雕塑情绪、情绪的声音、运动中的情绪等调动了五官身体感受性。

这是本书的一大亮点。

关于自我疗愈

"真实的我"是人们情绪上的自我，是感受和欲望的表达。

在道教里面，一个人要想自我修炼，就要打通自己的任督二脉，也可以理解为不断地打通与他人的关系、与家人的关系、与家族的关系、与文化的关系、与集体的关系、与国家的关系、与天地的关系、与世界万物的关系，它是一个把世间万物最终都理解为一个整体的过程。这个整体的过程最终又可以修成像一个完整的婴儿一样的状态，即"元婴"状态，这是一个自我疗愈的过程。

我们如何通过创造外在的形式去表达"真实的我"的感受呢？

本书从生活中汲取灵感，还设计了多种通过表达性艺术形式直接体验情感的活动，包括绘画、拼贴、陶艺制作、音乐欣赏、舞动、写作、面具制作和戏剧性对话。所有的活动都适合任何一个普通人，换句话说，你不必在这些艺术形式上富有天赋或才能。

在生活中，你可能：

- 在接听电话时涂鸦，发现这样可以舒缓情绪；
- 写日记或记下梦，发现写着写着，感觉和想法就会随之改变；
- 只是作为爱好去画画、雕塑，但明显地感受到这个过程可以让你从日常困扰中解脱出来；
- 在开车、散步的时候唱唱歌。

这些说明通过运动、声音、写作等艺术形式进行自我表达能改变生存现状，舒缓情绪，让头脑清晰，让精神焕发，进入更高的意识状态。

表达性艺术治疗则将来访者带入了一个情感世界并为其增添了一个新的维度。将艺术整合进心理治疗，使来访者可以运用自我无拘无束的部分。

这个过程本身就具有治愈性。

客　栈

贾拉勒丁·鲁米（Jelaluddin Rumi，1207—1273）

生而为人就像经营一家客栈，
每天早上都有新的房客到来。
一些瞬间的感受，如快乐、忧郁、卑鄙，
就像不速之客。
欢迎并招待它们每一位！
即使它们是一群悲伤之徒，
恣意破坏你的房屋，
将家具一扫而空，
你依然要以礼相待。
因为它们或许为你带来新的喜悦。
来的即使是灰暗的念头、羞耻感或是怨恨之情，
也要在门口笑脸相迎，邀请它们进来。
无论来者是谁，都要心存感激，
因为它们每一位都是来自远方的向导。

摘自科尔曼·巴克斯（Coleman Barks）和约翰·莫因（John Moyne）英译版的《鲁米诗选》(*The Essential Rumi*)。

THE ART OF EMOTIONAL HEALING | 前 言

> 何人曾见风？
> 你我都不曾。
> 但见枝叶动，
> 才知风穿过。

克里斯蒂娜·罗塞蒂（Christina Rossetti，1830—1894）

情绪自我

情绪（emotions）就像古老童谣中的风，没人能看见。尽管我们无法用平常的视觉直接看到它们，但是能感受到各种情绪就在我们的身体里。英语"feelings"这个词跟"emotions"一样，都既表示身体的感觉，又表示情绪、情感，可见情绪与身体的感受是联系在一起的。

你是否有过以下感受：

- 紧张时，你的胃会不舒服；

- 愤怒时，你会气得火冒三丈；
- 恐惧时，你会浑身发冷；
- 兴奋时，你会高兴得跳起来；
- 浓情蜜意会融化你的心；
- 闷在心里的悲伤会让你如鲠在喉；
- 感到宽慰时，身体如释重负。

你通过一些迹象同样可以发觉别人的情绪。即使对方一句话没说，你常常也能知道他们的内心情感。例如，落泪说明悲伤，皱眉表示愤怒，随意、快活的手势代表嬉闹，抖动的脚透露出恐惧，咧嘴大笑表明了快乐。说到情绪，肢体语言比口头语言更有说服力。是不是有人曾对你说："谁？我吗？生气？没有的事，我很好。"但其短促的语调和僵硬的下巴却透露出不同的意味？这是典型的不协调：说出来的和想的、感受到的不一样。但是你可能不会被愚弄。面部表情和声音道出了真相。情绪会泄露出来，无论你喜不喜欢。

英语"emotions"这个词的拉丁词根"e"（输出）+"movere"（移动）说出了情绪的全部意义：移动出来。情绪要么像河水一样自然地流淌，要么受到抑制。如果受到抑制，它们就会在潜意识中喷涌，这块隐秘的区域太深，意识的光照射不到。把不受欢迎的情绪放逐到内心深处会导致紧张性头疼，甚至更糟。这些被遗弃的情绪最终会泄漏出来，或像洪水一样泛滥。

情绪的本质就是移动。你可以通过观察婴儿和年幼的孩子来了解。在学会压抑情绪之前，小孩子只是把它们释放出来。例如，三岁的亚娜抱着她的泰迪熊玩具，一个小朋友突然从她手里夺走了玩具，亚娜会愤怒地大叫。九岁的鲍比得知他的宠物兔死了时，也会立即悲伤地哭泣起来。

前　言

情绪提供了为生存而采取行动的动力。塔尼娅看到邻居家的狗被车撞了，她开始害怕行驶的车辆。恐惧使她不敢在街上玩耍，这对生命是有益的。

情绪还使我们能诚实、热情、富有创意地拥抱生活。情绪让我们充满生气和活力，使我们的体验富有色彩和质感。感受各种各样的情绪就像用调色板上所有的颜色作画。问一问有过严重抑郁或长期抑郁经历的人你就知道了。当情感消失了，情绪一平如水，生活似乎都不值得过了。这种灰暗的状态有时会引起自杀的念头和行为。

从生存到感受生命力的角度来看，情绪对我们非常有利。但是我们必须知道情绪是什么，我们需要从情绪中了解什么。

这本书是感受、接纳和表达情绪的用户手册。书中的案例研究和方法是有一定顺序的。如果按本书的顺序阅读并练习，它们就会引导你以富有创意且有效的方式拥抱你的情绪。在这个过程中，你将学习有情感地活着，平衡大脑和心理，平衡身体与精神。

图书馆和书店的书架上摆满了关于愤怒、抑郁、恐惧、悲痛、孤独和爱的自助类书籍，这类主题的书还不够多吗？为什么需要另外一本有关情绪的书？在考虑是否写一本新书时，我一直在问这些问题。回答始终如一。来访者、学生和读者表达了强烈的需求。他们为情绪而苦恼，通过发邮件或打电话寻求实用的工具，以解答下面这些重要的问题：

- 如何发现我的情绪，真正地感受它？
- 当我接触到情绪时，我应该如何对待它？
- 如何处理特定的情绪，比如恐惧、孤独、悲痛或愤怒？

是啊，情绪——这些不理性的、令人迷惑的淘气鬼总在最不恰当的时候冒出来。你刚告诉自己不要再为逝去的爱人悲伤，但在超市里眼泪突然奔涌出来。或者你非常确定自己可以控制住愤怒，但在工作中突然大发雷霆。你从一位能干的职场精英变成了乱发脾气的熊孩子。这多令人尴尬，多么危险。当你在拥堵的道路上开车回家时，路怒的突然爆发更是致命的。

我们读过关于管理情绪或控制冲动的书，我们也尝试过，但通常的情况是我们压抑或克制了这些难驾驭的情感。就像一种根在地下蔓延的竹子，我们把这里的情绪砍掉，只是用生活的碎石、水泥和砖头压住它们，不让它们露出来。接下来，被隐藏的情绪会在哪里冒出来呢？是在卧室还是在董事会的会议上？是在教堂还是在上班的路上？

相反，有些人感觉不到他们赖以生活的情绪（我敢保证，他们的生活质量和健康也依赖于情绪）。因为太痛苦、太可怕或者太不可接受而变得麻木或压抑情绪的人会发生什么？其中一些人会成瘾，或用药物让自己平静；有些人把情绪闭锁在身体中，患有各种应激障碍。记住，情绪迟早会宣泄出来，它们注定会不断流动。

情绪与身心医学

各项研究都显示，与压力相关的疾病大约占到所有就诊的80%。有越来越多的证据表明，很多疾病只是病患的情绪在寻求帮助。通过对支持性团体疗法、身心健康咨询、冥想、表达艺术疗法、生物反馈及其他心理治疗方法的研究显示，采用这些疗法的病患的病情得到了改善和缓解，他们比对照组活得更长久。这些研究在该领域算不上新的探索。早在20世纪70年代，汉斯·谢耶（Hans

Selye）医生和肯尼思·佩尔蒂埃（Kenneth Pelletier）分别在各自所著的《生活的压力》（*The Stress of Life*）和《心灵是治疗者，心灵是杀手》（*Mind as Healer, Mind as Slayer*）的书中对这一领域都进行了描述。哈佛大学的赫伯特·本森（Herbert Benson）医生在《放松疗法》（*The Relaxation Response*）一书中同样提供了实用指南。在20世纪80年代，本森的同事琼·波利森科（Joan Borysenko）在她的书《关照身体，修复心灵》（*Minding the Body, Mending the Mind*）中详细叙述了冥想和放松技术。

到了20世纪90年代，我们对思想和情绪如何影响身体，以及身体如何影响思想和情绪的认识有了飞跃般的发展。作为艺术治疗师兼健康支持团体的领导者，我在20世纪80年代末及90年代初出版了几本关于身心治疗和通过艺术实现康复的书。我很感谢波利森科医生、伯尔尼·希格尔（Bernie Siegel）医生[肿瘤学家、《爱、医学与奇迹》（*Love, Medicine and Miracles*）一书的作者]、诺曼·卡森斯（Norman Cousins）医生（他很善于自己找乐）和詹姆斯·佩尼贝克（James Pennebaker）博士的支持。詹姆斯·佩尼贝克对写作的疗愈力量的研究证实了我的发现。

在过去10年间，曾经一度被医疗机构认为只能风行一时的边缘性的替代疗法或身心医学逐渐成为主流。大型制药公司在电视广告中推广他们的草药。10年前，人们依然认为只有江湖郎中或巫师才会使用这类药剂。尽管这一认知在某些地方没有多大改观，但大众的需求显然已经改变了趋势。民意调查和研究显示，三分之一的美国人开始使用替代疗法或整体医学的疗法，如脊椎按摩疗法、针灸、身心疗法、生物反馈、催眠疗法、自然疗法和顺势疗法。一些医疗保险公司意识到这些方法能够节省费用，开始把脊椎按摩疗法和针灸这样的治疗纳入报销范围。

像伯尔尼·希格尔和拉里·多西（Larry Dossey）这样受尊敬的内科医生甚至

说祈祷具有跟药物类似的作用，并且引用了有对照组的可复制的研究的确凿数据。由此，我们把这些有经验的临床医生和研究者当成怪人来嘲笑是不对的。我们从这类作者和演讲者的受欢迎程度可以看出，大众在用心了解这个领域，比如迪帕克·乔普拉（Deepak Chopra）医生推广了古印度的阿育吠陀医学；克里斯蒂亚娜·诺斯拉普（Christiane Northrup）把慈悲和常识带给了女性医学。在后面的章节中，你将读到用写作、音乐和绘画作为治疗方法的最新研究。你还会看到我在临床中如何运用绘画和写日记实现自发的疗愈。

心理学家詹姆斯·佩尼贝克博士等人的研究表明，把自己的病情写下来实际上能够提高免疫力。20世纪80年代末，我见到了佩尼贝克博士，在我们比较了彼此的研究数据后，佩尼贝克对我提出的创意写作疗法具有积极作用的观点非常认同。尽管他已发表的研究论文中并没有涉及绘画疗法，但在他看来，我从我的学生和来访者那里观察到的自发性疗愈效果与他的研究同源，即都基于情绪表达具有疗愈作用这一前提。发现了莫扎特效应（Mozart Effect）的阿尔弗雷德·托马提斯（Alfred Tomatis）医生的研究吸引了大众的注意，也吸引了健康医疗专业人士的关注。未来的医学处方可能会是"听这首奏鸣曲，明早再给我打个电话"。在第3章中，你们会读到我的学生露西尔·伊森贝格（Lucille Isenberg）的案例研究，她通过写对话得到了治疗。这位很有勇气的患者对满是疑虑的医生说，她想推迟对自己慢性病的探查性手术，因为她要先把和生病的身体部位的对话写出来。露西尔写完和身体的对话后，症状消失了，且再也没有复发。令医生非常吃惊的是，她的方法让探查性的或其他性质的手术都变得没必要了。

最受尊敬的身心科学研究者之一是坎达丝·B. 珀特（Candace B. Pert），她是乔治城大学生物物理学及生理学系的教授兼研究者。在其突破性的著作《情绪分子的奇幻世界》（*Molecules of Emotion: Why You Feel the Way You Feel*）一书中，珀特强有力地证明了健康地表达真实情感的作用。她发现，如果外在表达与内心的情绪不匹配，也就是一个人不协调，那么身体中积聚的冲突会消耗重要器官中的能量。在这本书里，她写道：

> 我的研究发现，当情绪得到表达，即作为情绪基质的生物化学物质在自由地流动时，所有的系统会联合成统一的整体。当情绪受到压抑、否定或扭曲时，身体网络的通路会受阻，具有联合作用的重要化学物质会停止流动，这些化学物质会影响我们的生物性和行为。我相信这是我们非常想摆脱的情绪状态。合法的或不合法的药物会进一步干扰很多反馈环，这些反馈环的作用是使身心网络达到自然平衡的功能状态，因此药物会引起身心的疾病。

情绪之道

当情绪被接纳、被表达时，它们会穿过我们的身体，让我们充满活力和创造力。这本书提供了一些使你的情绪能存活、能呼吸的活动。依据我本人的生活体验，以及超过 25 年的临床实践、教学、与读者互动，我设计了多种通过表达性艺术形式直接体验情感的活动，这些活动形式包括绘画、拼贴、陶艺制作、音乐欣赏、舞动、写作、面具制作和戏剧性对话。我特别要补充说明的是，你不必在这些艺术形式上富有天赋或才能。如果用艺术表达自己会让你产生胆怯，那么你可以阅读第 2 章中针对性的内容来克服这一障碍。

我向你保证，和演艺、展示性才艺不同，表达性艺术的主要作用是帮助你踏上通往情绪之路。你不会受到批评，也不会被要求给别人展示你的作品。你唯一会受到的批评来自你的内心。

通过这些活动（我把它们看成富有创意的实验），你可以试着回答下面两个有关情绪的最常见的问题：

- 你如何发现和感受情绪？
- 当发现了强烈的、无法抵抗的、令人难受的情绪时，你拿它们怎么办？

尽管我有多年的经验，持有相关资质证书，也编写过不少论著，但老实说，这些只是我有资格编撰本书的一小部分。真实的情况是，我一生都在和情绪做斗争。和你一样，我也在战斗中，而不是躲在象牙塔里分析情绪或创建什么情绪理论。首先也是最重要的，我所提出的这些问题都是我经历的，我爱过，恨过，伤心过，怀疑过，希望过，恐惧过，感受过抑郁与幸福，等等。换言之，我经历过好几次情感障碍。如果这还不够，那么我还想告诉你，我来自号称"情绪疗愈之都"的美国南加利福尼亚州。

在20世纪六七十年代，年轻的我就对情绪与思想、信念及体验进行梳理与分类，就像一名幼儿园小朋友把颜色和形状进行分类一样。在我所生活的社区，这样做算得上惯例。

我也问过你们问过的所有问题，就像诗人莱纳·玛利亚·里尔克（Rainer Maria Rilke）所写，希望"在未来的某一天，渐渐悟出了答案"。一路走来，有许多成功与失败，有无比痛苦的失望，也有远大梦想的实现。尽管我生来就是搞艺术的料，但我发现艺术中也不乏科学元素，如好奇心、自律、观察应实事求是和实用性。做治疗师也是一门艺术。我在实验室所进行的治疗实践工作都记在我的日记中，并成为本书中设计出的大多数活动的素材来源。在我个人的情绪探索或指导来访者体验成长与疗愈的艺术时，我想出了这些富有创意的实验。就像在科学研究中一样，这些富有创意的实验是可复制的，并且对读者和治疗师产生了类似的效果，他们将我的方法应用到他们的来访者身上。以下是一些使用过这种方法的人的反馈，也许这些结果中有一些是你也在寻找的：

- 我更能感触到情绪和身体的感觉了；
- 我可以通过身心症状的形式接触和感受储存在我体内的情绪；
- 我能亲身体验到内在小孩以及它的情感与需求；
- 我现在可以识别并说出自己的感觉了；
- 我可以用不具威胁性的方式与他人交流我的感受；
- 我找到了以前我不知道自己所具有的才能，并能将其运用到生活的各个方面。

在参与这些富有创意的实验时，请记住我是本着让你自己去了解的精神提供这些实验的。它既是艺术，也是科学。你怎么称呼它并不重要，重要的是过程。个人体验是最好的向导，也是唯一值得研究的指引。好老师是开启智慧之门的人，这是你只有通过亲身体验才能了解的智慧。让我来开启体验和表达你自己情绪的大门吧，从而发现你自己情绪的真相的道路。

THE ART OF EMOTIONAL HEALING | 目 录

第一部分

认识情绪，拥抱自己

第 1 章　是人，就一定会有情绪　／ 003

　　　　情绪是什么，它来自哪里　／ 005

　　　　情绪只有得以表达，才能让你释怀　／ 010

第 2 章　为情绪找到宣泄的出口——艺术表达　／ 019

　　　　涂写出你的情绪　／ 021

　　　　与生俱来的艺术表达能力　／ 025

　　　　活跃在你情绪中的内在小孩　／ 033

　　　　触手可及的情绪疗愈素材　／ 036

第 3 章　身体比你更懂你　／ 041

　　　　绘制你的身体痛点地图　／ 043

身体疼痛背后被隐藏的情绪　　　/ 048

第二部分
用艺术疗愈情绪

第 4 章　情随笔意，以画疗心　　/ 065

绘出情绪的颜色　　/ 067

用涂鸦为愤怒开门，释放长期压抑的情绪　　/ 072

用拼贴画将你的爆发性情绪仪式化　　/ 079

用粉笔画出你凌乱、棘手的情绪　　/ 085

用水彩笔涂出你的混乱、困惑与矛盾的情绪　　/ 086

用最恰当的方式体会情绪家族中的快乐分子　　/ 094

第 5 章　雕塑情绪的形状　　/ 103

黏土是对人生的绝佳比喻　　/ 105

在纵情揉捏黏土中体验人生百态　　/ 111

第 6 章　倾听情绪的声音　　/ 127

声音对情绪与健康的影响　　/ 129

音乐才是疗愈情绪的良药　　/ 131

让我们情绪爆棚的声音　　/ 137

能让你平和满足的曼陀罗与声音冥想　　/ 146

唤醒内心快乐的多巴胺音乐　　/ 149

第 7 章　舞动，让情绪流淌　　/ 153

每个人都是释放情绪的舞者　　/ 155

跟加布里埃尔·罗斯学舞动　　/ 161

舞动是一种静默的自我修行　　/ 166

第三部分
允许情绪穿堂而过

第 8 章　写作即疗愈　　/ 177

有温度的故事是最好的治愈　　/ 179

观影疗心：电影的疗愈价值　　/ 181

拼贴出你的情绪故事　　/ 183

让情绪讲它自己的故事　　/ 187

写作是生活的疗愈师　　/ 189

第 9 章　面具人生，寻找不为人知的另一面　　/ 195

　　面具人格下的多个自我　　/ 197

　　制作面具，探索你的子人格　　/ 201

　　以面具为媒，了解不一样的自我　　/ 209

第 10 章　幸福就在转念间，做自己情绪的主人　　/ 213

　　通过清理思想来清理情绪　　/ 215

　　情绪的断舍离　　/ 222

　　实现情绪自由从改变开始　　/ 235

The
Art of
Emotional
Healing

第一部分

认识情绪，拥抱自己

The Art of
Emotional Healing

第 1 章

是人，就一定会有情绪

第一部分 认识情绪，拥抱自己

情绪是什么，它来自哪里

有一则古老的印度故事：

黄昏时，一个人在光线昏暗的路上行走，遇到了一条蛇。他吓得一动不敢动，直到有人走过来，告诉他那条"蛇"其实只是被扔在路边的一卷绳子。那个人立马不再惊恐，释然了。

这个故事告诉精神探索者一个重要的原则——世界如你所见。

情绪是对体验的反应

情绪是我们对体验的反应。《韦伯斯特字典》对情绪的定义是：

- 强烈的感觉，兴奋；
- 情感被唤醒达到了意识层面的状态或能力；
- 任何特定的感觉，一种复杂的心理和生理反应，如爱、恨、怕、怒等。

就像我们所有的内在体验一样，情绪来自我们自己。这就是为什么我们会说我们有情绪。情绪是我们对周围世界的反应，也是对我们的想法、信念和我们自己的想象的反应。我们常说某某人或某某事让我生气，但真实情况是外界的任何人、任何事都不会让我们有任何感受。我们对世界的知觉让我们做出情绪反应。

车抛锚了，由此造成的不方便让你有点恼火。你把它拖到修车店检查，然后开始为要花费多少修理费而烦恼。会大修吗？你被告知只是小修小补。"哎哟！总算松了一口气。"你叹息道。

闺密给你打电话。你高兴地接起她的电话，但她告诉你她妈妈突然患了重病。你先是感到震惊，然后感到难过。你满怀同情，想尽量提供帮助。

在一天里，一种情绪接着一种情绪。有些情绪停留的时间长一些（比如所爱的人去世引起的悲痛），有些情绪则很快就会过去。有些日子的情绪比其他日子的更强烈。生命中某些时期似乎是漫长的暴风雨季节，令人焦虑不安的事件一个接一个。有些时期则是平静的、令人满足的。有一件事可以肯定：人一定会有情绪。

我们对生活的总体感知也会决定我们的情感和情绪。有些人把世界看成准备猛扑过来的蛇。长期的恐惧和焦虑折磨着他们。你认识这样的人吗？有些人似乎没什么情绪反应。他们没法让别人了解自己的感受。你的生活中有这样的人吗？还有些人把每个经历都看作机会，是迈向成长和活力的踏脚石。他们全身心投入生活，福祸与共，以苦为乐。我猜测大多数人处于中间状况，在每天的情绪波动中冲浪。

就像知觉会影响情绪一样，情绪也会影响我们的体验。如果心情不好，旁边吹口哨的人就会让你觉得很烦；相反，如果你心情愉快，可能就会跟着一起吹口哨。我们的信念也会影响我们的情绪。例如，我们害怕某些事物是习得的，每个人都有各自惧怕事物的清单，比如，害怕公开演讲、死亡、蛇、龙卷风、经济损失、蜘蛛、警察、陌生人、被爱人抛弃，这样的例子不胜枚举。

> 暂停一下。拿出纸和笔，把你害怕的人和事都列出来，并在每一类人或事的旁边写下让你害怕的原因。
>
> 然后，写出你最喜欢的事物（包括人、地方和体验），再写出它们在你内心能唤醒什么样的感觉。

情绪有什么益处

我们为什么会有情绪？情绪有什么益处？首先，情绪有助于我们的生存。在成长的过程中，如果你感觉不到害怕，就会受到伤害。20世纪60年代，迷幻剂在美国盛行，一位女士曾说迷幻剂让她觉得自己无所畏惧，她是不可战胜的，能飞翔。在这种状态下，这位年轻的女士从悬崖边跳下去，差点摔死。

另一位女性的愤怒挽救了她的生命。酗酒的丈夫多年来摧残着她的身心，她来到妇女庇护所寻求庇护。经过治疗，她的恐惧减少了，开始感到愤怒。正义的愤怒赋予了她力量，使她能走出那段有害的关系。在这个例子中，她把阻碍她的恐惧和胆怯换成了活跃的情绪——愤怒。她用愤怒激发出有建设性的行为，此时事情发生了转折。通过写日记，她感受到了自己的愤怒、怨恨、悲痛等情绪，并能直面它们。与丈夫和好已经完全不可能了，因为她的丈夫依然酗酒，动不动拳脚相加。她不愿再受虐待。通过扩充自己的情绪组成，而不是停滞在恐惧中，她为自己开创了新生活。

生存依赖于我们本能的反应和情绪反应。我们很容易理解愤怒和恐惧如何能救人性命。但是其他情绪（如快乐的、嬉戏的、充满爱的、平和的）又怎么样呢？它们给生活增添了欢乐的一面。研究证明，这些情绪能增强免疫系统，提升幸福感。为了人生的完整，我们需要体验所有情绪。情感让我们对自己敞开心扉，让我们彼此敞开心扉，对神明有了自己的解释。恳求的祈祷来自痛苦的深处，就像约伯祈祷一样；感恩常常来自强烈的喜悦，比如阿西西的圣方济各（St. Francis）在他所作诗歌《太阳兄弟的颂歌》（*The Canticle of Brother Sun*）中对上帝的赞美。

情绪是幸福感的重要指标。问题往往出在我们的期望上，我们认为应该永远感觉很好，如果感觉不好，我们就是不正常的。人们会对看起来悲伤的人说"高兴起来"，会对愤怒的人说"冷静、冷静"，会对感到恐惧的人说"没有什么可怕的"。在以上的情景中，情绪感受被否认、被贬低。这并不是说另一个极端——陷在某种情绪中，比如抑郁或长期的愤怒，是正确的做法；相反，这个情绪谱的任何一个极端都是有问题的。缺乏情绪或长期被情绪淹没都会造成失衡的生活，并会对工作、人际关系、健康等造成影响。

这本书讲的是，我们如何接纳自己所有的情绪。对于某些负面情绪（恐惧的、愤怒的、难过的、抑郁的或困惑的），我们习惯用笑脸来掩饰它们，而本书正是对这种习惯的一剂解药。摆脱这些令人难受的情绪的唯一出路是闯过去，然后我们会真诚地接纳比较令人愉快的情绪（快乐的、充满爱的、嬉戏的、平和的）。

情绪与思想

情绪营造动态的身体感觉。没有身体，我们怎么能感觉到情绪或情感？然而，情绪反应和思想也有关联。例如，在黑暗的电影院里，显然是思想产生了情感。一些场景会让我们害怕、难过或激动。我们知道电影不是真的，我们看到的情景

第一部分　认识情绪，拥抱自己

都是编出来的、拍摄出来的，但我们的身体和情绪反应就好像我们亲身参与了电影中的行为。我们尖叫，手心冒汗，紧紧抓住椅子扶手，闭上眼睛，大笑，哭泣，大叫，欢呼。上学前，父母带我去看卡通电影《小鹿斑比》(*Bambi*)。当斑比的妈妈被猎人杀死时，我大哭起来，从椅子上跳起来，沿着过道跑开了。我再也没法坐在那里看下去了。这说明我多么入戏，从一开始就对那个幻想的世界信以为真。矛盾的是，尽管一开始很坎坷，但我最终成了电影和艺术的爱好者。是的，直至今日，悲伤的场景依然会让我落泪。

情绪与人际关系

在和他人交往中，我们不仅倾听内容，也倾听情绪。人们用言语交流，但他们的情绪通过身体语言和语音语调来传递。所说的话和他们的感受可能完全不一样。剧作大师、《故事：材质、结构、风格和银幕制作的原理》(*Story : Substance, Structure, Style and the Principles of Screenwriting*)一书的作者罗伯特·麦基（Robert McKee）多年来为世界各地的电影电视专业人员教授一门著名的课程。他花一天的时间分析经典影片《卡萨布兰卡》(*Casablanca*)，一个场景一个场景地停下来讨论情节、人物发展，以及通过画面讲故事的技巧。我从未见过有谁能把沟通中的不协调原则讲得比麦基更形象、更清楚。如果你想练习寻找对话中潜藏的真实情绪，《卡萨布兰卡》是非常好的研究对象。在影片靠前的部分中有一个很好的例子。法国警官［由克劳德·雷恩斯（Claude Rains）饰演］和德国军官进行着看似礼貌的交流。当时正处于第二次世界大战期间，法国人和德国人彼此实际上是敌对的。雷恩斯的面部表情、身体语言和双关语成功地掩饰了他内心深处对纳粹士兵的憎恨。

在影片《告别有情天》(*Remains of the Day*)中，我们看到埃玛·汤普森（Emma Thompson）饰演的人物隐藏着她对一个不能显露自己情感的男人的爱，但是镜头穿过言语，看到了人心，面孔、沉默和身体揭示了一切。

事实上，我们时刻都会遇到不协调，无论是有意识的还是无意识的。在日常面对面的交谈中，我们从姿态、手势和语音语调中解读情绪。我们的眼睛和耳朵很容易识别它们。在打电话时，我们倾听语调细微的差别，在什么地方停顿，在什么地方加重。我们还会解读信件和电子邮件字里行间的意思，研究那些写出来的话。我们的情绪雷达并不总能捕捉到被广播出来的所有情绪。有时我们会误解某些暗示，有些情绪则会被我们错过。然而，为了拥有成功的人生，我们必须在某种程度上了解情绪语言——人类沟通的潜台词。

情绪只有得以表达，才能让你释怀

科学领域出现的新的大脑与行为研究，使我们可以从新的视角认识情绪在生活中的作用。有些研究显示，一个人是否成功更多依赖于情商（如动机、冲动控制以及人际能力），而非依赖诸如智商或学术成就这些传统的衡量标准。丹尼尔·戈尔曼（Daniel Goleman）在他所著的《情商》（*Emotional Intelligence*）和《情商3：影响你一生的工作情商》（*Working with Emotional Intelligence*）这两本书中探讨了这项研究。他指出，高智商或多年的学校教育对情绪健康和圆满的人生没有什么作用。他引用了这项突破性的研究，探讨了在职场中，为什么当一些高智商的人迷失时，智商平平的人却能在他们的领域中胜出。二者呈现出的差异似乎都与情商有关。他澄清道，情商和智商不是对立的，但它们不同。而且传统的智商测试没有测量一些成功的关键因素，比如自律、自我意识和自我效能（相信自己能控制生活中的事件，能应对人生挑战）。如今企业和学校正将这项研究和戈尔曼在其书中所提的观点运用到管理与教育实践中。

如果你是一名教育工作者或家长，那么你可能听说过学校里设置的一门被称作"健康人际关系"的课程——暴力预防课。

在加拿大和美国的很多学区，这门课程的设置被证明很有效，在我开始写这本书的时候，它吸引了我的注意力。我曾和位于哈利法克斯市的社区团体——男性寻求改变组织（Men for Change）的成员安德鲁·赛弗（Andrew Safer）聊过，该组织也开发了类似的课程。这些年来，加入这个组织的成员大多来自教育、社会工作、传统医学、替代医疗、经济发展、管理、新闻与传播等行业，他们中的许多人为人父母或从事与青少年教育有关的工作，出于对社会上尤其是年轻人暴力行为增加的担忧而加入相关的组织。通过与哈利法克斯郡－新斯科舍贝德福德地区学校董事会（Bedford District School Board of Nova Scotia）的合作，为七年级至九年级学生的社会和心理发展专门设计了53个课堂活动。这些教育资源被证明对年龄较大的青少年也非常有效。

对马尼托巴湖温尼伯市1143名七年级到九年级的学生进行的为期三年的研究表明，不接受这门课程的对照组没有表现出改善。相比起来，参与健康人际关系课程计划的学生的暴力行为减少了，情商、自尊和自我效能也得到了提升。加拿大各省和各区都开设了健康人际关系计划，该计划也被推广到了美国的35个州。除了公立学校外，妇女庇护所、社会福利机构、拘留中心、青年与咨询中心等也采用了这一计划。

如何应对消极情绪

有些情绪在我们的主流文化中被认为是令人沮丧的，比如愤怒、悲伤、恐惧，它们被挑出来，被视为禁忌。在童年时，我逐渐发现公开表达某些情绪会遭到训斥、嘲笑或惩罚。这些情绪被认为是坏的，我们认为如果有这些情绪或表达这些情绪，那我们也是坏的。当情绪受到压抑，它们有可能突然爆发出来，也有可能以抑郁症、焦虑发作、压力或身体疾病的形式内爆。

被孤立的情绪会发生什么？它们会去哪里？它们可能藏在什么地方？其中一个地方是身体里。被视为麻烦的合作者变成了不折不扣的肉中刺。我们把恼人的家庭成员看成让人头疼的东西。我们说我们不能忍受邻居的行为。事实上，当不能表达或释放自己的情绪时，我们就会脖子疼、胃疼、头疼。

我们还会把情绪隐藏在潜意识中。如果孩子不被允许表达某些情绪，他们就会想："当初就不应该有这些感受。"毕竟，不受欢迎的情绪只会招致麻烦、责打、嘲笑或排斥。

为了生存，孩子们不得不对自己和他人隐藏起不被接受的情绪，而成年的自我会把这些情绪改头换面。我们可以允许情绪自我进行感受和表达。但是即使作为成年人，对情绪的普遍态度也会阻止我们这样做。例如，我遇到过很多把愤怒、恐惧、悲伤等描述为消极情绪的心理学家、修行者、宗教人士。"消极"这个词充分说明了他们对这些情绪的态度。有些人认为如果他们生气了，就说明他们的修为不够。他们努力消除那些不被肯定的情绪，或者假装他们宽恕了对方。我把这称为"自欺欺人"，因为这只是另一种形式的压抑。

如何培养所谓的情绪素养？如何学会解读和说出情绪的语言，包括我们自己的和别人的情绪？我的方法是接纳这些情绪并从中学习。为了这样做，我们必须学习情绪的语言，这是你内在小孩的语言，是身体、内在艺术家和灵魂的语言。这是亲密的语言，是我们和自己、和他人最深层的沟通。一旦学会了，这种语言能带给我们最高的智慧和最大的创造力。

第一部分　认识情绪，拥抱自己

学习情绪的语言

这本书是学习和掌握情绪语言的实践指南，运用表达艺术疗法，它既简单又全面，简单到青少年都易于掌握，全面到对成年人也会很有效。它提供的活动既适合右脑（非语言）学习者，又适合左脑（语言）学习者。这些活动整合了二维和三维的表达艺术，包括：

- 画素描、油画，做拼贴画；
- 陶艺制作；
- 制作声音和音乐；
- 舞动；
- 制作面具；
- 与子人格进行戏剧性对话；
- 写自我反思的日记。

有些材料和形式本身就可以让情绪得到自然的表达。例如，敲打和雕塑黏土是释放愤怒和强烈情绪的好方法，打鼓也有相同的效果。在本书第二部分中提出的活动是与特定的情绪相匹配的。此外，还有一张带页码的情绪目录，供那些想聚焦于特定情绪的人参考。

情绪家庭九成员

为了简化和梳理情绪世界，我发现对它们进行分门别类很有帮助，我称之为情绪家庭（如图1-1所示）。

```
┌──────┐      ┌──────┐      ┌──────┐
│ 快乐的 │      │ 害怕的 │      │ 困惑的 │
└──────┘      └──────┘      └──────┘

┌──────┐      ┌──────┐      ┌──────┐
│ 悲伤的 │      │ 嬉戏的 │      │ 沮丧的 │
└──────┘      └──────┘      └──────┘

┌──────┐      ┌──────┐      ┌──────┐
│ 愤怒的 │      │充满爱的│      │ 平和的 │
└──────┘      └──────┘      └──────┘
```

图 1-1　情绪家庭的九位成员

以这些情绪为中心，具有相同或类似含义的其他词被围成一圈。

在看这些图时，你可以试着把表示核心情绪的其他词或短语写下来。你甚至可能想自己创建和图 1-2 至图 1-10 类似的图。

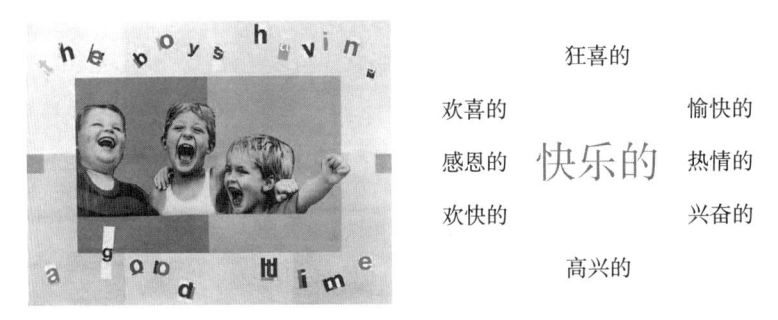

狂喜的

欢喜的　　　　　愉快的

感恩的　　**快乐的**　热情的

欢快的　　　　　兴奋的

高兴的

图 1-2　快乐的

灰心的

忧郁的　　　　　沮丧的

孤独的　　**悲伤的**　消沉的

痛苦的　　　　　悲观的

伤心的

图 1-3　悲伤的

第一部分　认识情绪，拥抱自己

烦躁不安的

愤恨的　　　　　怀恨的

狂怒的　**愤怒的**　暴怒的

恼怒的　　　　　激怒的

盛怒的

图 1-4　愤怒的

焦虑的

惊恐的　　　　　担心的

不安的　**害怕的**　惊骇的

恐惧的　　　　　紧张的

恐慌的

图 1-5　害怕的

敢于冒险的

异想天开的　　　　　天真烂漫的

天真自然的　**嬉戏的**　富有创意的

充满活力的　　　　　自由自在的

无忧无虑的

图 1-6　嬉戏的

　　　　　　　　　　　　　　充满深情的

　　　　　　　　热心的　　　　　　　　慈悲的

　　　　　　　　信任的　　**充满爱的**　　友好的

　　　　　　　　温柔的　　　　　　　　和蔼的

　　　　　　　　　　　　　　养育的

图 1-7　充满爱的

　　　　　　　　　　　　　　模棱两可的

　　　　　　　　心神不定的　　　　　　不知所措的

　　　　　　　　烦恼的　　**困惑的**　　矛盾的

　　　　　　　　纠结的　　　　　　　　犹豫的

　　　　　　　　　　　　　　迷茫的

图 1-8　困惑的

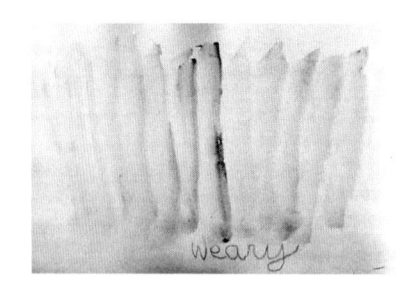

　　　　　　　　　　　　　　精疲力竭的

　　　　　　　　沉默寡言的　　　　　　灰心的

　　　　　　　　厌倦的　　**沮丧的**　　失望的

　　　　　　　　无精打采的　　　　　　无助的

　　　　　　　　　　　　　　绝望的

图 1-9　沮丧的

第一部分　认识情绪，拥抱自己

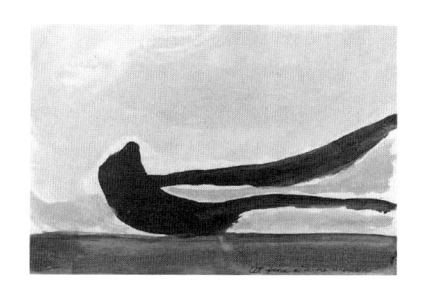

	平静的	
安宁的		满足的
安详的	平和的	放松的
满意的		恬静的

图 1-10　平和的

试着与你的情绪相遇

作为第 2 章的热身，请你试着做下面的练习，以开启你的承认情绪、表达情绪之旅。

> **情绪与情感**
>
> 现在你有怎样的情绪？
>
> 拿出纸和笔，把这个问题的答案随手涂写出来。
>
> 没有正确或错误的做法。我不是在让你创作艺术作品，这更像是人们在接听电话时，心不在焉地涂鸦。重新回到童年小孩，在纸上涂涂写写。看看会发生什么。一边涂鸦，一边体味你的感受。涂鸦之后你有什么感觉？
>
> 在你的涂鸦周围写一些表示情绪的词语。如果你想不出来任何词，那可以参考前面表示情绪家庭成员的词语。

The Art of
Emotional Healing

第 2 章

为情绪找到宣泄的出口
——艺术表达

涂写出你的情绪

很多年前,在与一种严重疾病做斗争的过程中,我发现与自己情绪的接触具有疗愈作用。医生诊断不出我得了什么病,也无从治疗,我的病情日益恶化。实验室检查的混杂和处方的错误使情况变得更加糟糕。当我意识到这些医生不仅治不了我的病,而且他们渐渐成了问题的一部分时,我在绝望中拿起了速写本。我毫无目的地在纸上涂写出自己的情绪。这些奇怪的图画让我害怕,令我困惑。我获得过艺术类的大学文凭,曾经做过几年职业设计师和画家,但这些图画看起来和我以往的作品完全不一样。我也曾为贺曼公司(Hallmark)和其他公司设计过海报、贺卡和广告横幅,它们没有什么神秘感,我的设计风格属于大胆、色彩丰富、极具装饰性的那种,所画内容无须进行特别的解读(如图2-1所示)。

图2-1 我设计的海报

相比起来，我那些自发的绘画看起来很初级，完全体现不出我作为职业艺术家的绘画技巧（如图 2-2 所示）。我不能理解它们。在一张毡笔速写中，一名小女孩蜷伏在地面以下，她的眼泪浇灌着一棵巨大的心形树下面的土地，这棵树好像被闪电劈开了。乌云黑沉沉地压在左上方，右边有两只蝴蝶。我无意中画出了自己前五年的生活（分居、离婚、商业合作关系破裂）、当下的挣扎（财务困难、单亲妈妈、疾病、悲哀），以及未来（重生和新生活）。当时我并没有意识到这些。

图 2-2　我的情绪画

在画这些画时，我的手好像不受我控制了，是手自己完成了这些作品。我的有意识思维闪到了一边，就好像在纸上做梦。我进入了睡觉时梦中到访过的地方。我是不是疯了？我疑惑地想："这看起来就像我在大学去精神病院实地考察时看到的精神病人画的画。"我的画对我毫无意义，它们就像用外国语言写的书。真的是我画的吗？它们代表什么意思？我就像进入仙境的爱丽丝，在不知不觉中落入了神秘的地下世界，在那里所有的规则都改变了。但是，画完这些草图后我感觉好多了，所以我一直画着。

让人感觉不好的是去诊所接受一个又一个检查，得到令人困惑的诊断结果，接受疗效不明的治疗。在又一次发生实验失误之后，我的耐心用光了。有一天，失望无比的我把药箱里所有的胶囊和药片都倒进了垃圾桶，其中很多药服后会产生可怕的副作用。从此,我再也没有求助医疗机构。一定还有其他办法,尽管当时我不知道是什么办法,但我知道医院的办法对我来说不管用。后来我竟然彻底痊愈了,又过了多年之后,一位虹膜及硬化症方面的专家诊断出了我的病(虹膜检测是一种古老的方法,医生通过观察眼睛上的痕迹来判断过去和目前的健康问题)。我被告知我患过结缔组织或胶原蛋白紊乱的疾病,尽管我的生活支离破碎,我的精神濒临崩溃,但我无论如何要让自己重新振作起来。

我开始和几个好朋友、同事分享我的绘画和日记。其中一个人是萨莉,她热衷于记日记,鼓励我认真对待我的画和日记,尤其是我好像做梦一样涂写出来的东西。在医疗卫生体系的从业者也帮助我找到了出路,一位是从事预防医学的医生,还有一位是将针压法和按摩结合起来的护士路易丝。路易丝对我的第一次治疗事实上重演了我在日记中记录的疗愈梦境。在那个梦里,一名穿着白大褂的女士抱着我,并安慰我说,她知道我害怕死。她还向我保证我会没事的。在接受路易丝的第一次治疗后,我感到像从那个梦中醒来时一样的宽慰。在我从未探索过的领域中确实发生了神奇的事情。梦、绘画、意识流写作、预知性意象和清醒时的现实混合在一起。我再一次开始感觉到情绪,它们从冰冻中慢慢融化。通过承认我的情绪,我逐渐恢复了活力。

不久之后,我再次濒临崩溃之境。就在这个时候,另一位朋友给我推荐了当地的一位名叫邦德·赖特(Bond Wright)的治疗师,她的名字引起了我的重视。我需要重新让自己振作起来。当她的名字被提到时,我的内心深处在说"好的"。正是邦德为我打开了进入情绪自我和创意自我的另一扇门,她博采交互分析理论(TA)、格式塔疗法和新赖希疗法之长,将各种疗法进行了整合。邦德和我进入神奇的治疗世界,她指导我保持某种身体姿势,直到我的能量自己开始流动起来。当我的身体和得到恢复的生命力一起振动时,我的脑海里出现了一些震撼的画面,比如瓶子里的情绪像喷泉一样迸发，一下子冲掉了瓶塞。我的情绪从来没有这样纯粹而直接地表达过。每次治疗后我都觉得很宽慰，我会把治疗中出现的图像和洞察画在日记里。

GIVE MYSELF
PERMISSION
TO LET MY CHILD OUT
AND FEEL MY
FEELINGS AND
SAY I'M OKAY!!

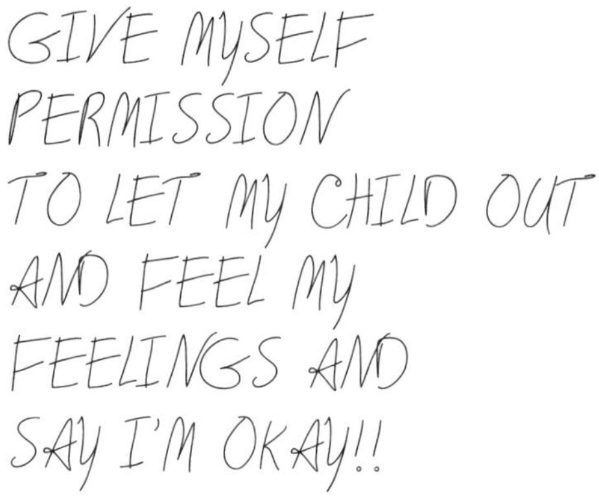

图 2-3　我写得歪歪扭扭的大字①

某次治疗后，邦德让我坐在地上，给了我一大沓白纸和一根大蜡笔。她希望我把会如何在日常生活中运用这些洞见写下来。只有一个限制条件，即她坚持让我用非惯用手来写，对我来说就是左手。这看起来有些奇怪，我不确定自己是否能做到。我不知道我将做的事情会彻底地、不可逆地改变我的人生。图 2-3 就是我写得歪歪扭扭的大字。

当我像个小孩一样坐在地上费力地在纸上描画每一个字母时，我不由自主地口齿不清地用学龄前孩子的语调诉说。后来邦德对我说，她真希望能把这次治疗录下来。我回归到自己四五岁的时候，那正是我慢慢在纸上涂写时感觉自己所处的年龄。她解释说这就是关键所在：让我亲身感受内心的情绪小孩。她或许被埋了起来，但依然活着。这种方法起效了。

治疗结束后，我飘飘忽忽地离开，好像肩膀上的重担被卸掉了。把这些情绪压抑 35 年需要耗费大量的能量，难怪我会生病。现在它们倾泻而出，我感到了从未有过的轻松愉快和生气勃勃。这既令人惊恐，又令人振奋。我越遵循自己的

---

① 英文的意思是：允许自己让内在小孩出来，感受我的情绪，说我挺好！！——译者注

内心，允许自己通过写和画，富有创意地感受并表达情绪，我的身体就变得越好。我在邦德那里接受了三个月的治疗，每周一次，我的目标就实现了——彻底恢复了健康。最重要的是，我领悟到自己真实的自我——我想成为的人。

我的内心推动我去探究表达艺术疗法。在和艺术治疗的先锋人物托比·莱赛尔（Tobe Reisel）一起工作了几个月后，我自然而然地开始了新生活和艺术治疗的新事业。通过不断对艺术的疗愈作用进行研究，我实现了很多自童年起就深藏在心底的梦想：希望学习舞动，希望用黏土雕塑，希望在即兴戏剧中出演，希望写作并发表作品。

与生俱来的艺术表达能力

如果你不是艺术家、音乐家、舞蹈家、作家或演员，怎么办？你还能通过艺术表达的形式来感受和表达你的情绪吗？事实上，你就是一名艺术家，只是你还不知道，艺术表达是你与生俱来的能力，而有人却告诉你，你五音不全、动作不协调或者没有艺术天赋，等等。接下来，我将以视觉艺术领域为例来告诉你这是怎么一回事吧。

人类的图像视觉功能要先于口语和书面语言的功能，我们用图像来思考、做梦、记忆和想象未来。在有文字之前就有洞穴壁画。孩子们还没学会写字就会画画了。我们很小的时候，没人教我们怎么画画。他们给我们一支铅笔或蜡笔，给我们一张纸，我们就开始画了。我们逐渐从乱涂乱画过渡到画各种形状、直线和点。后来我们的画开始代表一些东西：一个圆上的两个点代表眼睛，一条线代表嘴，这幅画就被称为妈妈或爷爷，然后再画上一些小棍代表胳膊和腿。研究显示，全世界年幼的孩子都会画相同的图像和抽象的图案，在绘画方面，他们似乎使用的是统一的语言。

后来一切都停止了。在读写文化中，学校似乎是一条分界线。一旦我们进入了分数、评价的环境，内心天生的艺术家就会黯然隐退。随着我们被领入文字和数字的世界，直线、圆和点变成了字母和数字，排列成报告。这是左脑的职责，语言中心就位于左脑。负责视觉空间知觉、情绪表达和直觉的右脑因为疏于使用而开始枯萎。我们知道，成年人的左脑比右脑重。你若观察一些孩子，也会发现自己右脑退化的情况。你不会听到学龄前的孩子说他们没有任何天赋。他们甚至不知道这个词是什么意思。他们只是涂涂画画，穿着戏服表演，唱歌跳舞，就像奔跑、玩耍和呼吸一样自然。但是在他们快进入青春期时，如果有人让他们用艺术表达自己，你就会听到很多"我不会""绝对不行"这类的回答。进入成年后，大多数人内心的艺术家会永久地离开。

当然也有例外。有些孩子的父母重视艺术，给他们提供用艺术进行表达的机会。然后一些学生会被认为有天赋，可以接受特殊的教育。少数创新性学校和老师会把艺术纳入课程，但是这些只是例外，不是常规。当教育中包含艺术时，人们重视的通常是最终作品，而不是过程。艺术教育充满了分数、批评和竞争。

至于强调过程的方法，表达艺术有时会被用来治疗心理失常的孩子、有学习障碍的孩子、有生理缺陷的孩子，或者遇到危机的少年（高风险孩子或失足少年）。然而，我们几乎看不到表达艺术被作为生活技能介绍给普通学生或成绩好的学生。我和美国及加拿大的成百上千名老师和家长交流过。几乎所有人都说，在他们的学区，艺术课程依然很受冷落，强调过程和情感释放的表达艺术确实很少见。

情绪与右脑

由于对成品的重视超过过程,因此我们失去了直觉的、本能的认知方式的重要部分。我们用强调语言、数学和顺序逻辑的左脑技术教化孩子们,偏废了另一半大脑。我指的是与右侧大脑相关的复杂功能:视觉与空间知觉、情绪表达、直觉性突破思维、非语言沟通和隐喻性符号加工。作为一名治疗师兼艺术家,我知道忽视右脑的非言语语言会导致情绪上的文盲。如果你真想了解我们对逻辑思维、线性思维的偏重会使我们付出怎样的代价,那么可以读一读伦纳德·史莱因(Leonard Shlain)的杰出作品《字母表与女神》(*The Alphabet Versus the Goddess*)。史莱因的书和戈尔曼的情商研究印证了我的职业经验。在执业过程中,我反复观察到下面这个等式:

训练和高智商 + 情绪文盲 = 精疲力竭

      应激障碍

      抑郁症

      不良的人际关系

      令人不满的职业

      成瘾

      对自己或他人的暴力行为

你应该在画里

在运用表达艺术时,我们会探索视觉的和语言的意象,这是隐喻思维的领域。事实上,我们每天都在民间俗语中使用这种语言,大多数这类俗语描绘出生动的画面。表2-1是俗语中针对部分情绪非常形象的描写。

表 2-1　　　　　　　　　俗语中有关部分情绪的描写

情绪类型	俗语
悲伤或忧郁	我心里乌云密布；他在诉苦；他的心情很低落；陷入黑洞般无法自拔
陷入停滞	毫无进展；诸事不顺；处处碰壁
失去耐心	黔驴技穷；山穷水尽；压垮骆驼的稻草
愤怒	脸都气紫了；怒气冲冲；脸红脖子粗；怒发冲冠；我气得发抖；她气得胡言乱语；他一点就炸；他暴跳如雷；他像火山一样爆发了
嫉妒	得了红眼病；嫉妒得像被绿眼怪咬了一口
恐惧	吓尿了；吓得手指关节发白；我吓得脸都白了；她吓得面如死灰；她吓得花容失色；胆小鬼；他吓得往地缝里钻；膝盖发软
欲望	激情似火；紫色的激情
困惑	云里雾里；一脑子糨糊；一头雾水；举棋不定
焦虑	我的五脏六腑都拧巴在一起了；十五个水桶打水七上八下

这些都是视觉图像，但它们也是高度感官和发自内心的。我们能感觉到它们在我们的身体里，就像我们能感觉到太阳的热辐射或阴冷天的寒意一样。在这些俗语中，我们普遍能感受到颜色和质地，这些视觉图像也栩栩如生，如暴跳如雷、怒发冲冠、五脏六腑都拧巴在一起。我们甚至可以根据这些形象画出漫画。事实上，我的很多来访者就是这样做的，会用到其中一个俗语来命名他们的绘画或雕塑作品。

表达艺术

有时我们能找到适当的词和短语来描述我们的情绪，但有时找不到。在表达情绪时，什么导致我们找不到合适的说辞？我认为有以下几点原因：

- 我们不了解自己的感受；

第一部分 认识情绪，拥抱自己

- 情绪复杂，我们理不清；
- 我们知道自己的感受，但不敢说出来；
- 没有相应的情绪词汇来表达我的情绪；
- 没法轻易地把情绪转换为语言。

为了表达情绪，我们必须先感觉到它们。我们怎么知道自己有什么样的情绪？感觉到情绪后，如何能表达出来，而不是压抑它们？答案之一是通过表达艺术。我对表达艺术的定义是，用绘画、音乐、舞动、戏剧或写作来发现并表达内在的情绪、梦想和欲望。表达艺术疗法的实践者采用的是跨学科的方法。得到证明的是，当以多模式的方法运用艺术时（也就是在整合不同模式或在不同模式间转换），它们会成为体验、识别和表达真实情绪的有效工具。很多表达艺术治疗师会把两种或更多种形式结合起来，如把舞动和讲故事，或者把听音乐、吟诗、唱歌和绘画结合在一起运用。

理解表达艺术与展示、表演、出版的区别很重要。在进行艺术表达时，绝对不要期望着跟表演一样。我们不是为了艺术而创作艺术，不是为了在美术馆展出而绘画，不是为了表演而跳舞、做音乐或演戏剧，不是为了出版而写作。批评、完美主义或痴迷于技法都与表达艺术无关，只是为了展示那是什么情绪。不是为了艺术而艺术，而是为了人的原因而从事艺术。最重要的是过程。通过本书中列举的很多案例研究和说明，你会看到这一点。在阅读有关绘画、雕塑、舞动、唱歌、谱曲或写作的进展过程中，你可以了解到当事人的内心故事，感知到艺术所揭示出来的他们的情绪和洞见。在表达艺术中，只要作品体现了内心所要表达的情绪情感，作品就达到它的目的了。

为了让情绪展现出来，创作的过程一定要让人安心，不要因是否达到外界强加的美学、技法或风格的标准而受到内心的批评，因为这是灵魂的艺术。如果我们想真正地倾听内心的自我，就必须让内心的批评暂时靠边站。只有消除了自我批评和外在标准，表达艺术才使我们灵魂的声音能更随性地流动。为什么？因为我们很难用这些形式欺骗自己。我们不知道在用艺术探索情绪时怎么说谎。我们一直在用语言进行探索，用借口和合理化掩饰着我们的情绪。

为了稳妥，你在与他人分享你的作品时要慎重。如果对方很支持你，那没问题。如果他会批评你，就要小心。你不需要任何人贬低你或你的艺术创作。这也适用于你的日记以及用其他形式的艺术探索情绪，比如音乐或运动。

艺术是过程，不是作品

我们习惯于从观众的角度来看艺术作品。参与艺术创作的过程看起来令人胆怯。内心的艺术批评家会立即开始说"你如何不会画画（或写作或跳舞）""你如何没有天赋"或"你没时间，你有更重要的事情要做"。一些人可能自娱自乐地演奏乐器或唱歌，但从事绘画或写作会让他们退缩。这同样适用于视觉艺术家，唱歌或写作令他们却步。如果你对艺术创作的前景感到恐惧，那么我建议你坚持这个过程，看一看会发生什么。大胆地尝试，不会有人批评或评判你。你唯一需要对付的批评家是你内心的那个，它们是阻止你听从自己内心渴望和真实自我的旧信念、旧态度。后面我会给出一些指导，帮助你意识到那些批评的声音并应对它们。

有时会产生艺术

有时来访者或我的学生会发现他们的有些作品相当悦目。他们会在家里或办公室里展示艺术治疗中的作品。如果这种情况发生在你身上，那很好。把它看成治疗经历的副产品。我这样说是因为要想真正从这些活动中受益，你就必须放弃创造出赏心悦目的艺术成品的期望。我还要警告你，展示这些作品可能会招致别人的批评，他们会用语言把你的作品撕成碎片。正如前文中提到的，你不需要负面的反馈，因为它可能让你彻底封闭自己。

你可能会非常喜欢某种表达形式，想要上相关的课程或参加相关的艺术工作坊。很好啊！但是请搞清楚差别。表达艺术只是你自己的艺术。如果你开始表演，你就可能会抓不住本书的关键。通过绘画、舞动或音乐的形式创作完美的作品不是我们的目的，去感受你的情感、获得洞见才是你最应关注的。

左右手书写

你将使用的核心工具是创意日记。创意日记将写作和绘画结合起来，这样你的言语性左脑能够知道视觉的和情绪性的右脑感受到了什么、看到了什么。情感通过绘画、音乐、舞动表达出来。但是更深的洞察通常发生在写作之后。结果是你更了解自己的情绪了，你可以在生活中做出更明智的选择。这些方法还有助于开发直觉，这也是右脑的功能。学生们说他们越使用右脑，就越能获得直觉信息，即在诸如商业、人际关系、个人健康等方面获得直觉上的帮助。

有些创意日记任务更进了一步。它们使两侧大脑能够彼此沟通。我指的是用两只手交替写出内心的对话。你会用到惯用手和非惯用手。我说的惯用手指的是你经常用来写字的手。另一只手就是非惯用手。我的研究显示，用非惯用手写作和绘画会让你更多地接触到右脑的情感、直觉、本能、内在智慧和灵性等功能，或许这是因为非惯用手没有和大脑的语言中心建立起稳定的联系，它可以自由地表达非语言的、非理性的知觉。正如你在我自己的案例中看到的，这只没有受过教化的手还可以把情绪性的内在小孩领出来。用非惯用手画画会让很多人觉得自己像个孩子，就像我在治疗中的那样。你可以试一试。

> 拿出纸和笔，用非惯用手写出你的名字。然后继续写并回答以下问题。
> - 用非惯用手写字是什么感觉？
> - 很笨拙？写得很慢？你是不是觉得傻傻的、孩子似的？
> - 这很有趣吗？令人放松？富有创意？令人觉得自由？
> - 你是否犯了拼写和语法的错误？
> - 你因为笔迹拙劣而责怪了自己吗？

面对批评

我们头脑中都有批评的声音，它贬低我们，不断挑我们的错，这就是所谓的内心批评。在你试着用非惯用手写字时，很可能会听到它的声音。它喜欢发现拼写错误，指出"糟糕的笔迹"，或者说我们写得太慢、太乱。它从我们生活中的批评者（父母、兄弟、姐妹、老师、老板、配偶等）那里学会了各种批评之词。让我们看看你的批评者怎么说，然后以有趣的方式反驳它。

反驳

用你的惯用手写下你内心批评者会对你从事表达艺术活动的评语。事先不要进行思考，也不要以任何方式审查这个声音，只是尽快地写下来，写完后读一读。

例如：

开什么玩笑！你觉得你可以用艺术和写作的形式来表达自己？你提到了音乐，是吗？你在逗谁？你根本不会画画，不会写作！你是有史以来写得最差的作者，起草个备忘录就会让你很崩溃。别闹了，严肃点吧，你还有很多事要做。看看你桌子上的那堆东西。你有信要写，邮件还没有打开。更不用说回电话了。对了，你该去洗衣服了，你不觉得今天还应该整理一下花园吗？

让内心批评者把话说完，然后把笔换到另一只手上，但不要马上就写。先对批评者的话进行反驳，然后让自信的、争强好胜的那部分为你发声，我称它为内在的顽童。如果你一辈子都是乖孩子，那可能需要深入挖掘才能找到它，但是这样做是值得的。

用你的非惯用手（你通常不写字的那只手）通过书写来回应内心的批评，并真正维护自己。你不必客气，如果你愿意甚至可以说脏话。

例如：

你知道什么？我讨厌死你了。我受够了你对我的贬低，总是告诉我不能做什么。我听到的都是我没有创意，我总是犯错。你总是压灭我的梦想和愿望之火。如果你不能说点有用的，那么我希望你闭嘴。这件事我一定要干！

活跃在你情绪中的内在小孩

除了研究左右脑的功能与情绪有关以外，还有一项与情感表达有关的研究，那就是保罗·D. 麦克莱恩（Paul D. MacLean）医生提出的三位一体大脑理论（the triune brain theory）。保罗曾任美国国家心理健康研究所大脑进化实验室（National Institute of Mental Health Laboratory for Brain Evolution）主任，其研究描述了三个既相互独立又紧密联系的脑区，每个脑区都位于另一个脑区中（如图2-4所示）。每个脑区反映了人类进化的独特阶段。最古老、最深层的脑区被称为爬行动物脑，包括髓质、脑桥和脊髓，它支配着生存本能，比如寻找食物、交配、防御和习惯行为。在此之上的脑区被称为古哺乳动物脑或边缘系统，这里负责情绪功能，同时接收并加工输入信息，它和大脑的其他两层进行交流。最新、最外一层是新哺乳动物脑或新皮质，它被描述为控制抽象、推理的思考帽。

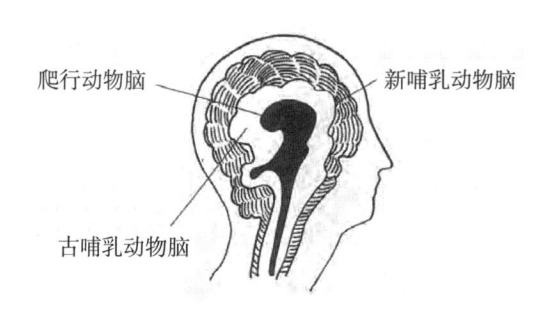

图 2-4 三位一体大脑

除了麦克莱恩的研究，神经外科医生罗伯特·怀特（Robert White）和凯斯西储大学的团队也做了一些有趣的大脑研究。在和怀特医生的交谈中，他告诉我，研究者在使用诸如单光子发射计算机化断层扫描这样的成像技术测量，人们感受到强烈情绪和性欲时的大脑活动。研究已经证实人们在进行精神体验时（比如祈祷、冥想或其他宗教活动），一些脑区会被激活。宾夕法尼亚大学的纽伯格（Newberg）和达齐立（d'Aquili）也发表了类似的研究。

这让我想起了梦境心理学开拓者阿尔瓦罗·洛佩斯－瓦特曼（Alvaro Lopez-Watermann）所做的大脑与精神研究。很多年前，我参与指导了阿尔瓦罗研究生们的学位研究、广泛的梦境研究以及从梦中寻找解梦指南的研究。阿尔瓦罗研究过古印度精神体验，比如克什米尔希瓦宗，它宣扬意识的四种状态。阿尔瓦罗吸取了麦克莱恩三位一体的大脑理论，根据自己的临床经验和从梦中获得的洞见，提出大脑还有第四个部分，他称之为松果脑（就是松果体），一些东方宗教认为它是灵魂所在的位置，具有超自然的功能。它似乎是一个接收器，联结着我们和神圣意识或宇宙意识。

那么，这些与情绪、与对自我的洞察有什么关系吗？当然有很大关系。边缘系统似乎是大脑中情绪所在的位置，但是它经常被阻隔在有意识知觉之外。最新的研究证明了弗洛伊德、荣格和其他精神分析先驱者的观点，即存在一种避免我们想起痛苦经历的闸门机制。为了生存，内在小孩躲进柜子里，关上门。为了承受生活中的挑战，这是必要的。我甚至看到来访者的画作或雕塑以象征的手法表现了这种闸门机制。这些形象通常是洞穴或橱柜，庇护着受到伤害、充满不信任、需要保护的小孩子。

如果我们想充满活力，情绪自我迟早要摆脱深冻。当我们触及休·米斯尔蒂尼（Hugh Missildine）所说的内心的往日幼童时，疗愈才会发生。这名幼童依然活跃在我们的情绪里。当人们发掘出这些隐藏的情感时，那个神奇的时刻是无以言表的，通常会伴随着深刻的洞察和发自心底的平和感、幸福感。内心发出的声音往往带着灵性的指引和力量。这些内心真实或灵性意识的闪现就是冥想者和祈祷者所描述的体验，如今科学家在实验室里对它们进行测量。所以，怀特医生提出的大脑中的情绪中心和灵性中心可能存在联系的假想并不令人吃惊。在治疗来访者时，我曾多次观察到这种情况。

触手可及的情绪疗愈素材

我们如何从情绪表达中获得洞察和灵性智慧？一种方法是通过艺术表达和创意日记的方法，包括将两侧大脑联结起来的左右手对话。例如，在表达艺术中，特定的艺术形式似乎会引发特定的情绪，造成这种现象的原因有很多。首要原因是该形式所用材料本身的性质，以及身体以什么样的方式参与造成的。例如，陶艺制作选用的黏土是可塑性很强的材料，你可以使劲敲打它，也可以用力拍或拧它，不会对黏土造成任何损害。事实上，这就是制陶工人的工作，他们称之为练泥。任何通过剧烈动作可以自然释放的情绪都和陶艺很配。我认识的一位陶艺家有这样的表述："我发现陶艺制作是最好的情绪治疗形式。黏土可以发泄我的任何情绪，如沮丧、愤怒、不耐烦等。"另一种可以采取剧烈动作和承受很大压力的材料是能在纸或纸板上滑动的蜡笔。这就是为什么给小孩用蜡笔的原因之一。纸会被撕碎，但蜡笔几乎能承受任何摆布。当然，蜡笔有时候会断，但蜡笔头依然可以用。

有些情绪会通过身体动作来表达。感到脆弱会促使一个人采取胎儿的姿势或者用毯子把自己裹起来（真实的或想象的），以获得保护、温暖和安抚。伸展的手臂和充满活力的舞动很容易表达出快乐的情绪。而像悲伤或忧郁这样的情绪最好用音乐或歌曲表达。此外，情绪与人格的不同的部分相关：顽皮、有创意的内在小孩，平静、智慧的那部分自我，愤怒、叛逆的内在顽童，充满激情的冒险家，等等。这些情绪可以借助制作面具、戏剧性对话、角色扮演和讲故事来表达。

学习情绪的语言像学习其他语言一样。先有体验，然后才有体验的语言。如果你从来没见过或没吃过苹果，那么"苹果"这个词对你来说毫无意义，情绪素养也是如此。先有情绪，然后才有语言的表达和洞见。在表达艺术中，材料是情绪的信使。通过与材料的相互作用，情绪被唤醒，洞见同样会产生。我们发现情绪携带着深奥的内在智慧，发掘出了情绪想要告诉我们的道理。

在学习每种艺术形式时，我们也会了解到它所适合的特定情绪。在很多情况下，我会整合不同的表达形式，比如绘画和音乐，或者面具制作和写作。

以下是材料的总清单。不过不必一次把它们都收集齐。你不会马上做书中的所有活动。它们需要几周或更长的时间，这取决于你想投入多少时间。我根据它们所出现的章节来罗列这些材料。你也可以从替代品中进行选择，或者你已经有了某些材料。

选用的材料

下面是你在阅读本书各章进行艺术治疗时需要准备的材料。

所有章

- 日记本（8.5 英寸[①] × 11 英寸）；
- 空白硬皮本或者螺旋线圈速写本；
- 尖头毡头笔（至少 12 种颜色），用来写字；
- 粗头毡头马克笔（至少 12 种颜色），用来画画。

第 3 章

- 蜡笔或油画棒（至少 12 种颜色）；
- 绘图纸，白色（18 英寸 × 24 英寸或者大约 12 英寸 × 18 英寸）。

[①] 1 英寸 ≈2.54 厘米。——译者注

第 4 章

- 普通 A4 白纸；
- 粉笔；
- 喷雾式固定剂或发胶（避免粉笔画被涂抹）；
- 水彩颜料和水彩笔（管装水彩或固体水彩）；
- 水罐；
- 有很多照片和图像的杂志（彩纸为可选项，如彩色美术纸或折纸手工纸）；
- 剪刀；
- 胶水；
- 纸巾；
- 垃圾桶；
- 工作服、旧衬衫或围裙；
- 播放音乐的音响；
- 录好的音乐：你自己的音乐或者本章推荐的音乐，如唐·坎贝尔（Don Campbell）编辑的《莫扎特效应》(*The Mozart Effect*) 音乐专辑的《第三辑》(*Volume III*)，或者杰西·艾伦·库珀（Jessie Alan Cooper）的《情感之声》(*The Sound of Feelings*) 专辑中的《爱》(*Love*)。

第 5 章

- 红黏土（拉古纳风干红黏土或类似的红黏土）；
- 工作台（木头的、梅森奈特纤维板的或厚纸板）；
- 一段结实的绳子，用来切割黏土；
- 一碗温水；

第一部分　认识情绪，拥抱自己

- 塑料的密封容器，用来存放小块黏土。

第 6 章

- 播放音乐的音响；
- 录好的音乐：你自己的音乐或者本章推荐的音乐；
- CD 套装：杰西·艾伦·库珀的《情感之声》；
- 美术用品。

第 7 章

- 播放音乐的音响；
- 录好的音乐：你自己的音乐或者本章推荐的音乐；
- 录音带或 CD：加布里埃尔·罗斯（Gabrielle Roth）创作的《无尽之波（第一辑）》(*Endless Wave, Volume I*)；
- 录音带或 CD 套装：杰西·艾伦·库珀的《情感之声》；
- 美术用品。

第 8 章

- 绘图纸，白色（18 英寸 ×24 英寸或者大约 12 英寸 ×18 英寸）；
- 杂志（彩纸为可选项，如彩色美术纸或折纸手工纸）；
- 剪刀；
- 胶水。

第 9 章

- 美术用品；
- 蛋彩颜料和画笔；

- 拼贴画用品；
- 制作面具的用品：用来构造面具的石膏布条、凡士林、旧毛巾、纸巾，你挑选的装饰元素，如丝带、彩纸、玻璃纸、纱线、布料、纸板；
- 用来装面具的大牛皮纸袋。

第 10 章
- 日记本和毡头笔；
- 美术纸和拼贴材料。

拥抱创意自我

为了充分理解和享受本书中的活动，我建议你发掘你的创意自我。我不会向你描述它，而是让你亲身体验它。

拿出纸和笔，同你的创意自我聊一聊。你的声音用惯用手记录。创意自我的声音用非惯用手记录。让创意自我讲一讲它自己：它如何活跃在你的生活中？它在你的成就、爱好、才能的发展中发挥着什么样的作用？此时它想怎样表达它自己？它想用本书中的方法探索什么？

The Art of
Emotional Healing

第 3 章
————

身体比你更懂你

第一部分　认识情绪，拥抱自己

绘制你的身体痛点地图

常识告诉我们，情绪会存储在身体中。下面是我们每天用身体语言比喻令人不舒服的情绪描述：

- 他是我的眼中钉、肉中刺；
- 我厌倦了在这里承担所有的责任；
- 她气得脸红脖子粗；
- 他大发雷霆。

这样的例子还有很多。我们本能地知道这些短语指的是什么情绪。大发雷霆就是很生气。被我们视为眼中钉、肉中刺的人会让我们恼火。不需要看书或上课，我们就知道身体的感觉和情绪紧密相连。事实上，很多身体症状是隐藏的情绪。渴望被倾听、被释放的情绪会潜藏在恼人的疼痛、慢性病或暂时的不适之下。

在过去30多年里，我就身体情感这一主题采访了数十位按摩师、健身师和其他健康从业者。尽管他们采用的技术和接受的训练各式各样（如瑞典式按摩、罗尔夫按摩治疗法、针灸和运动疗法），但他们有一个共识，即身体疼痛可以被视为把我们引向隐藏的情绪的探测杖。有些从业者把这些被埋藏的情绪称为细胞记忆。在治疗病人的慢性病或急症时，被否认或被压抑的情绪会倾泻而出。挖掘这些情绪常常伴随着情绪被存储时的记忆闪回。这可能会让人哭泣或引发其他强烈的情绪表达。例如，按摩肩部深层的组织会唤醒他们最初肩负起他人重担时的记忆，这些重担可能是财务上的、情感上的或其他方面的。怨恨和愤怒会冲入意识。通过身体治疗情绪的从业者告诉我，潜藏在身体部位中的情绪会通过局部疼痛或症状来引起人们的注意。当这些部位被触摸和治疗时，情绪会从身体的牢房中被释放出来。当情绪得以表达，往往会伴随着如释重负的感觉。身体疼痛或症状通常会因此而减轻或彻底消失。此后，如果这个人在情绪产生时，开始有意识地选择感受它们，而不是把它们埋藏在身体里，那么他的人生会因此改变，身心健康状况也由此会改变。

情绪能量

情绪是有能量的，它们是人类状况的一部分，也是我们身体自我的一部分。当它们处于动态时，情绪在我们身体里移动、穿行，像潮汐一样潮起潮落。情绪对我们的生存很重要，比如在穿过城市的街道时，害怕被车撞到会让我们变得小心。成年后，我们在做生意时担心遇到骗子或投机分子，我们会提醒自己"是不是有什么不对劲的地方"，因此能避免被他人利用。情绪还会把我们带到更高的人类成就水平，如对不公正和偏见的愤怒会转化为同情受害者的政治行动。我们所爱的人或公众人物的去世所引起的悲痛，有时会催化出"保持这个人精神不朽"的行为。情绪在内在和外在推动着我们。它们激励我们，推动我们采取行动。感受不到任何情绪和情感的人什么都不想做。之所以毫无乐趣，是因为没有投入任何的情感，人由此会变得浑浑噩噩，身体陷入怠惰的状态。我们把处于这种状态的人比喻成像开着灯但没有人住的房间,他们虽然活着,但如同行尸走肉。

情绪如何被存储在身体中

当我们认为某些情绪不被认可时,就会以某种方式将它们隐藏或压抑下来。在年幼时,如果有人告诉我们"勇敢的男孩不哭""淑女不应该生气"或"不要做胆小鬼",我们会开始隐藏这些被禁忌的情绪。如果这些情绪是糟糕的,那我们会抛弃这些情绪。首先,我们不让别人发现我们有这些情绪,然后麻痹我们自己,尽量不再感受到它们。如果表达某些情绪是不好的,那么我们最好彻底消除它们。如果表现出某些情绪会受到惩罚,或者压抑某些情绪会受到奖励,那么在这样家庭成长的孩子为了能生存下来,上述做法就理所应当。

下面,我举的帕梅拉·卡利(Pamela Karle)的例子很能说明这个问题。

帕梅拉五岁时,她的父母离异,双双搬走了,留下她和外公外婆一起生活。她被教导要勇敢,不要动不动就哭。年幼的她为了讨好外公外婆,紧紧抓住仅存的安全感,她抑制着自己的悲伤。悲伤被埋藏在眼泪释放的地方——鼻窦。30年来她患有慢性鼻窦过敏和鼻窦阻塞。帕梅拉看了很多医生,用了各种药物,病情没有什么改善。她几乎放弃了希望,直到35岁她参加了我的日记课,帕梅拉才发现内在那个悲伤的孩子。在和鼻窦的对话中,内心的小孩突然跳出来,潦草地写道(用非惯用手):"我很想要我的妈妈。"帕梅拉抽泣了很长时间,释放了多年被压抑的悲伤。她的内在小孩还说它不喜欢牛奶,暗示她对牛奶过敏。经过这次对话后,帕梅拉的鼻窦问题逐渐消失了。如果她觉得症状有点复发,就会进行日记对话,倾听内在小孩的情感表达会缓解症状。

可见,埋藏情绪是行不通的。情绪的能量不会消失,它们会一直游荡,直到我们意识到它们。情绪徘徊的地方就是我们的身体，因为身体是我们唯一的橱柜，所以我们把所有情绪或某些情绪长年累月地存放在这个储物柜里，但是情绪最终会通过身体语言爆发出来，让我们感觉到疼痛、浑身乏力，患上慢性或急性疾病。想象一下，我们大多数就是在被各种情绪塞满而贴满标签的身体里走来走去的。尝试做一做下面的练习，自己看看是不是这么回事。

发现情绪：你的身体地图

材料

- 日记本和毡头笔；
- 替代选择：白色的大美术纸和绘画材料，如大毡头笔、蜡笔、油画棒或粉笔。

活动

1. 用非惯用手简单画出身体的轮廓，要画正面和反面。不要担心你的绘画技能，在这个活动中没人对你的画评头论足。依据下面的提示，画出一个轮廓。如果你愿意，可以复印并多次使用下面的身体地图（如图3-1至图3-4所示）。

2. 给身体的各个部分涂上颜色：

- 给经常感到紧绷或疼痛的部位涂上颜色；
- 给现在感到不舒服的部位涂上颜色。

根据身体部位的感觉，选择最能代表那种感觉的颜色。例如，如果觉得某个部位发热，你可能想用暖色来代表，比如红色或橙色。如果觉得发冷或麻木，用你认为可以代表它们的颜色。没有对错之分，无论你选择什么颜色都是恰当的。你还可以用不同型号粗细的笔来代表感觉，如尖锐的疼痛可以用锯齿状线来表示，沉重感可以用实心色块来表示。尝试不同的表现方式。

3. 用非惯用手在你涂色的身体部位上或旁边写出相应的情绪词汇。

4. 用惯用手概略地写出你的日记和你对这幅图的观察。

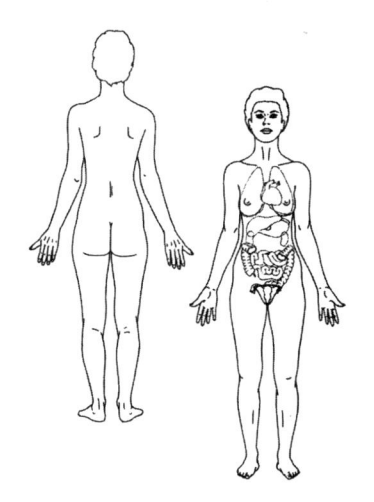

图 3-1　用于涂色的女性前后身体地图

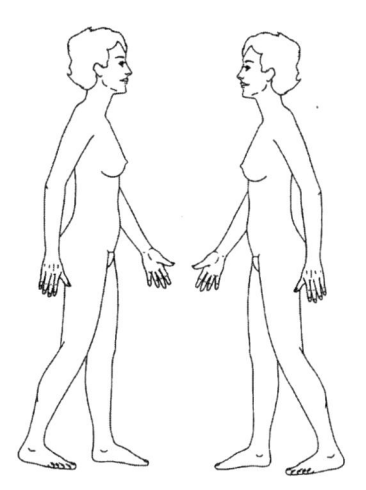

图 3-2　用于涂色的女性左右身体地图

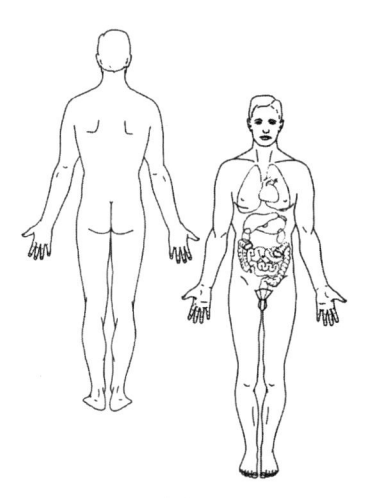

图 3-3　用于涂色的男性前后身体地图

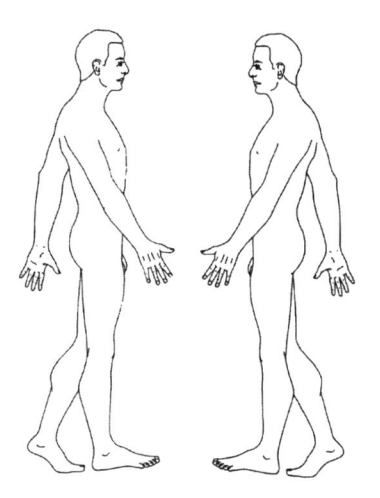

图 3-4　用于涂色的男性左右身体地图

身体疼痛背后被隐藏的情绪

如果你的身体地图中有涂了各种颜色的区域，这说明你的身体中存放了很多种情绪，这一发现可以把这些令人痛苦的情绪从你的身体里释放出来。无论这个人有一个或多个痛苦，在参加了我的工作坊或自己通过绘画、写作和其他表达艺术形式，能够获得惊人的改变。改变的关键在于，要把压抑化作有创意的表达，只有这样，效果才会非常显著。

人们倾向于将自己不想要的情绪存储在身体的不同部位，对有的人来说，可能是肩膀，对另一个人来说，可能是头部。还有的人可能会在腰背部携带情绪。当你在身体地图上涂色时，可能很容易找到有问题的部位。通过写作表达来治愈身体和情绪的一个典型例子是我早期的一个学生露西尔·伊森贝格。露西尔50多岁，是一位颇有魅力的妻子和母亲，被膀胱炎折磨了30年。医生很担心她的情况，建议她做探查性手术。当时露西尔恰好参加了我的创意日记课程，我在课上教他们如何画自己的身体并和它对话。在即将住院的时候，露西尔很有勇气地告诉医生，她想在住院前和她的膀胱谈一谈。医生听后一言不发，沉默了一阵后说道："好吧，露西尔，如果周一还有症状，你就要住院了。"她答应了。

当露西尔坐下来用写日记的方式和她的膀胱进行对话时，她记录了以下的对话内容。我已经对某些语句进行了强调，正如你将看到的，这些语句具有身体和情绪上的含义。

膀胱：我是你的膀胱，我不喜欢你对我的压迫。你对我不坦诚。

露西尔：嗯，我很气愤。

膀胱：为什么不告诉我你因为什么生气？

露西尔：因为我怒气冲冲，这让我很害怕。

膀胱：把怒气都塞在我这里对我毫无益处。如果在感到愤怒的时候，你把一些怒气宣泄出去，而不是压抑它，毒素就不会在我这里堆积。

露西尔：如果你发现我这么生气，我担心你会不爱我。

膀胱：当然爱你，我本可以更爱你。正是你的愤怒疏离了我们。

露西尔：但是我需要那种愤怒，因为我害怕太过亲密。

膀胱：我们变得非常亲密对你意味着什么？

露西尔：你会彻底了解我，尤其是我糟糕的部分。

膀胱：我不知道有什么糟糕的。

露西尔：我知道你不知道，但我知道，我每天都不得不带着它生活。

膀胱：你指的是不成功的那部分？

露西尔：是的，你怎么知道？

膀胱：我一直都知道，但那不会让我减少对你的爱。

露西尔：你说的是真的吗？

膀胱：当然是真的。我在失败上成功了，而你在成功上失败了。我真的搞不懂成功和失败。

露西尔：我想我也搞不懂。这让我感觉好多了。我把太多精力花在成功和失败上了。我想我在这方面太紧张了。不用总担心失败或成功感觉真好。这让我想起上学的时候，我总担心分数，担心会不会挂科。

膀胱：是的，那种压力很可怕。我很高兴如今不会有人给我们的知识或表现打分了。

露西尔：天啊，真不敢相信我们让自己承受着不必要的压力。

膀胱：我很高兴进行这样的交谈，因为我觉得好多了，谢谢。

《创意日记：发现自己的艺术》

对愤怒的恐惧、对评价的担心、追求成功造成的压力等都是心理治疗和咨询中常见的主题，但是它们在每个人身上的表现方式会很独特和新颖。在露西尔的例子中，这些问题反映在她的膀胱上。在描述她的愤怒形式时，"pissed off"这个说法会跳入脑海（pissed off 的意思是生气、恼火，piss 的意思是小便、撒尿）。她之所以压抑愤怒，是因为不想让别人看出来。在人生道路上，她被教导生气很不淑女，不应该生气。膀胱希望她在感受到愤怒时能发泄出来。不过她的膀胱也谈到了排尿。任何得过膀胱炎的人都知道一个致病因素是不及时排尿。憋尿会导致毒素堆积在系统中，就像露西尔的膀胱所说。膀胱炎患者还知道这个部位会感到持续的压力，这是露西尔的对话中出现的另一个主题。

露西尔曾写道："因为我怒气冲冲，这让我很害怕。"她害怕表露出自己"糟糕的部分"，或者更准确地说，就是被她判定为糟糕的部分。所以，她在自己的身体里存放了愤怒、对愤怒的恐惧和对恐惧的愤怒。

另一方面，露西尔的膀胱宽恕了一切。它没有评判她或者辱骂她，尽管露西尔经常出言不逊："我有一个糟糕的膀胱。"膀胱甚至说了"我在成功上失败了"这样的话，指的是它的长期炎症、长期看医生吃药，但是它接下来质疑了成功和失败的概念，质疑了评判的概念。在慢性膀胱炎问题下隐藏的是露西尔相互交织的评判、情绪和消极的自我对话："生气是不对的。我有很糟糕的部分，我不能让别人看出来。如果我发怒，他们会不爱我。我是个失败者。"在这些评判之下，我们可以看到露西尔的恐惧、愤怒、压力和怨恨。

在对话的结尾，我们看到膀胱既扮演了病人的角色（生病的身体部位），也扮演了诊断医生的角色（讲述了情绪上的原因）。它还是治疗者，除了无条件的爱，它还为露西尔提供了建议。身体确实会说话，而且它有很多要说的话。显然，内心深处的智慧和无条件的爱在等待被倾听。

第一部分　认识情绪，拥抱自己

在和膀胱的对话之后，露西尔的症状彻底消失了。她不需要接受探查性手术了，长期的病症也没有再复发。之后我和露西尔保持了很多年的联系，听说她继续发挥写作的才能，创作了很多自传体的文章。她甚至出演了一部有关老年女性的电影《我们的年代》(Acting Our Age)。我和她参加了首映式。露西尔在大多数人退休的时候开创了新的生活。

在中国古代医学中（包括针灸和草药），器官和情绪被一一匹配起来，这绝不是巧合。太多的情绪或太少的情绪都会让特定的器官失调。

- 肾/膀胱＝恐，想一想吓得尿了裤子的小孩。
- 肝/胆囊＝怒，有胆魄的人被认为有进取心、有闯劲。
- 心/小肠＝喜，伤心肯定是不快乐的。
- 脾脏/胰腺＝思，脾脏和胰腺的失调可能与过度担心他人和自己有关。
- 肺/大肠＝悲，帕梅拉的内在小孩说，不把悲伤宣泄出来，会伤害她的支气管。

和露西尔、帕梅拉类似，我的很多学生和来访者进行了身体对话，发现特定器官和情绪的关系与中医的描述非常符合。他们没有人看过或研究过针灸，也没有接受过中医的治疗。在这些对话中我们接触到了古老的智慧，它们比理性思维知道的多得多。绘画和用非惯用手书写可以让我们触及这种智慧。为了发现你自己的感受，包括身体的和情绪的，为了发现你内在的智慧和疗愈，你可以参与像露西尔和帕梅拉进行的那种对话。在此之前，让我们学会对身体的语言变得更敏感。

感受身体

当来访者或我的学生说他们很难发现自己的感受时,我通常会引导他们回归身体的家园。发出信号的身体部位是寻找情绪的恰当地点。身体用感觉的语言来诉说,所以我们需要从这里开始。然后我们可以把这些感觉翻译成颜色、形状、质地、声音,再翻译成描述情绪的文字。

让我们从身体冥想开始。在第 1 步到第 3 步期间闭着眼睛。

所见即所感

材料

- 日记本和毡头笔;
- 替换选项:白色的大美术纸和绘画材料,比如大毡头笔、蜡笔、油画棒或粉笔。

活动

1. 找个舒服的姿势坐着或者平躺在地板上。如果你坐在椅子上,确保双脚平放在地上,腿上不要放任何东西。如果你躺着,双脚分开大约一英尺[①]。

2. 闭上眼睛,把手放在腹部,正好在肚脐下面。呼吸,渐渐把注意力放在呼吸上。把气吸入腹部,吸气时腹部鼓起,呼气时腹部收缩。呼吸要深、慢、有节奏。

3. 通过你的身体来一次器官感知之旅。从你的头顶开始,感受那里所有的感觉。然后慢慢地从前额向下移动到下巴和下巴轮廓,同时体察眼睛、嘴巴

---

① 1 英尺 ≈0.3048 米。——译者注

和喉咙内部的感觉。接着转向你的耳朵和后脑勺，继续向下到脖子、肩膀、手臂、手掌和手指（先一侧，再另一侧）。

再由外而内，感知你的胸部、心脏、肺及上背部。然后把你的意识转移到腹部，依照胃、肝脏、胆囊、脾、胰、肾脏的顺序进行感知。不管你是否知道这些器官在哪里，只要感受到你身体这一区域的感觉就可以了。

接下来，把你的意识转移到你的盆腔区域，包括肠道、膀胱、生殖系统，以及你的肛门和臀部。然后顺着每条腿从臀部、大腿、膝盖、小腿、脚踝、脚背和脚底，以及每一个脚趾来完成你身体的旅程。

4.画身体的轮廓图，或者从图3-1至图3-4里选出进行复印。给发出疼痛、不适，或者愉悦和放松这些强烈信号的身体部位涂色。选择最能代表每种感觉的色彩和笔触，享受探索和实验的过程。

5.选择一个感觉最疼痛或最不舒服的身体部位，在单独的一张纸上画出这个身体部位，用画笔展现出你所感觉到的疼痛或不适。无须在意你的绘画水平，只管选择最能代表这种感觉的颜色来表达即可。

例如，一个非常聪明、勤奋的大学生深受考试焦虑症的折磨。在考试前，她感到非常害怕和担心，图3-5是她画出来的身体感觉。她的胃扭成一个疙瘩。在画完之后，她的焦虑消失了，她变得放松，可以充满信心地参加考试了。

图 3-5 深受考试焦虑折磨的大学生画的胃

找到情绪所引发的身体不适可以作为经常性的冥想练习。这是很好的放松方法，也是找到隐藏的情绪的好方法。先给它涂颜色，然后再确定它是什么情绪。有时学生在做完练习的这个部分之后就会觉得身体和情绪好多了，但这个练习还没完。如你所看到的，你可以用文字来解释自己的身体感觉（和身体图画）。这就是你接下来要做的。

画的意义是什么

解释画中的色彩和图案真的很简单。不需要有关象征手法的任何特殊能力或训练，你也不需要修心理学或艺术治疗学位。这是你的画，它们是你的符号。它们很个人化，是你所独有的。不要试图分析这些图画，我的学生发现露西尔案例中那种对话是更直接、更真实的方法。

身体会讲故事

在这个寻找真实情绪的步骤里，你会请教你的身体，问一些简单的问题，获得深奥的洞见。

感知我，治愈我

材料

- 日记本和毡头笔；
- 替换选项：白色的大美术纸和绘画材料，如大毡头笔、蜡笔、油画棒或粉笔。

活动

1. 重新画一张你最疼痛和最不舒服的身体部位图。

2. 在日记本上用两种对比色写下你与这个身体部位的对话。先用你的惯用手，写出下面的问题：

- 你是谁或你是什么？
- 你感觉怎么样？
- 什么让你有这样的感觉？
- 我可以怎么帮助你？
- 你想教我或告诉我什么？

用非惯用手回答这些问题对你来说非常重要。因为非惯用手和右脑的回答通常更擅长表达身体的感觉和情绪。它们还能直接发掘出与右脑相关的直觉智慧和指导的状态。

3. 完成对话后，想象一下这些情绪不再阻塞在你身体里，不需要通过身体疼痛来表达自己，那会是什么样。你的身体会有什么感觉？用非惯用手画出感到放松、健康、活力十足的全身图。以身体的口吻用第一人称在图周围写出它的感觉。如果完成以上两步之后你已经觉得症状得到了缓解，那么可以用非惯用手画出你的身体，表现出它现在的感觉，用文字描述这些感觉。

记录你对本章的思考。回顾通过以上练习，你学到了什么，获得了什么洞见。用你的惯用手把它们写下来。

The
Art of
Emotional
Healing

第二部分

用艺术疗愈情绪

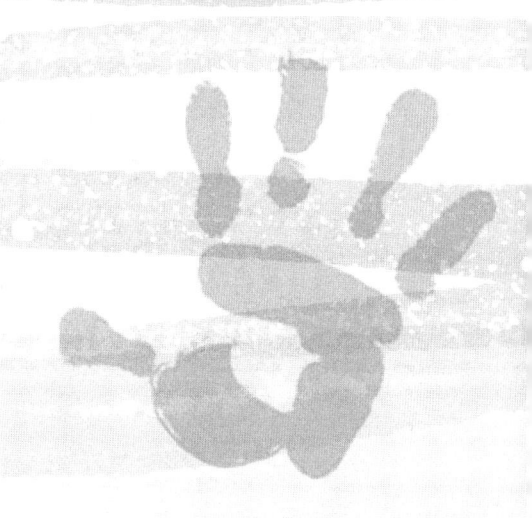

用你喜欢的艺术形式表达情绪

现在,你可以通过表达艺术来探索情感的冒险之旅了,这些表达艺术包括绘画、拼贴、雕塑、音乐、舞动、写作、戏剧性对话等。你要把你的情绪与最有可能引发和解释这种情绪的形式匹配起来。进行匹配并不意味着一种束缚和限制,你可以用你喜欢的形式表达任何情绪。这仅仅是建议,因为有些形式及材料能更直接地导出特定的情绪。例如,如果你想表达愤怒,蜡笔能够承受你的重压,你可以施加狂暴的力量,使用浓重的色彩。相比之下,色彩清淡的粉笔就不太适合表达愤怒了。在重压下,粉笔会碎裂,粉笔也承受不了使劲地涂抹。水彩颜料和水混合后,颜色会变得稀薄(除非你使用管状颜料),用小毛笔绘画也没法采用有力的或大幅度的动作,而表达愤怒需要这样的动作;相反,你可以对黏土又捶又敲,因此黏土就是非常适合用来释放愤怒、怨恨或沮丧的材料。

记住,这是过程艺术,你运用的方式和获得的体验比最终作品更重要。怎么强调这一点都不为过。如果你太在意最终作品,就失去了表达艺术的全部意义。这和你、你的情绪有关,和高雅的艺术无关,表达艺术就是通过有创意的出口宣泄所有情绪。如果你不经意发现,你的表达艺术作品变成了你想进一步发展的赏心悦目的作品,那非常好,但那绝对不是目标。类似地,如果被埋没的才华浮现出来,你想开发它,我完全鼓励你,但以表演为导向的艺术活动属于另一个范畴。

本书是一本可以反复使用的指南,所以我按英文字母顺序列出了情绪词汇表(详见表A)。在你读完本书并做完书中的活动后,这个表不仅能帮助你完善你日常可以使用的情绪词汇,还可以为你指出对应你的情绪的活动有哪些。你越能更多地说出情绪词汇,那么直接把它们表达出来就会变得越容易,而不是把它们埋藏在心里。

只要你愿意，任何时候你都可以借助表 B 寻找释放和接纳某种情绪的活动和方法。有时候，你需要用第一部分中的练习来识别你的情绪，或者你可以在表 A 中找到能准确表达你的情绪的词。这个表的作用是帮助你找到可以从什么活动开始。

一旦开始了，你还会扩展到其他情绪和活动上。正如你在之前的例子中所看到的，你从一种情绪开始，后来发现在它之下还有其他的情绪。可能愤怒是最先浮出水面的，这只是为了揭示潜藏在下面的伤心或悲痛。

表 B 中的很多情绪是相互紧密联系的，如被遗弃感通常和悲伤、孤独、无助等情绪有关。换言之，这些情绪属于同一类。找到准确的词来描述你的情绪是发展情绪素养的一种重要练习。从引发同一整类情绪（如悲伤）的活动开始，这有助于你更充分地表达某类情绪（如所爱的人离世让你感到的悲痛之情）。

情绪的词汇表

以英文字母排序的情绪词汇表。

A

abandoned（被遗弃的）
adequate（适宜的）
admiration（钦佩的）
adoring（崇拜的）
adventurous（爱冒险的）
affectionate（充满深情的）
afraid（害怕的）
agitated（烦躁不安的）
alone（孤独的）
amazed（吃惊的）
ambivalent（矛盾的）
amused（愉快的）
angry（愤怒的）
annoyed（恼火的）
antagonistic（敌对的）
anxious（焦虑的）
appreciative（感激的）
aroused（激动的）
ashamed（惭愧的）
assertive（过分自信的）
astounded（震惊的）

B

bashful（腼腆的）
belonging（有归属感的）
bewildered（不知所措的）
bitter（充满怨恨的）
blessed（充满喜悦的）
blissful（幸福的）
bold（英勇的）
brave（勇敢的）
burdened（负担沉重的）
burned out（精疲力竭的）

C

calm（平静的）
captivated（着迷的）
cautious（谨慎的）
chagrined（苦恼的）
challenged（挑战的）
cheerful（欢乐的）
cheerless（阴郁的）
childlike（天真烂漫的）
combative（好战的）
compassionate（充满同情的）
concerned（担心的）
confident（有信心的）
conflicted（矛盾的）
confused（困惑的）
contented（满足的）
contrite（悔悟的）
courageous（有勇气的）
creative（富有创意的）
crushed（崩溃的）

D

defeated（失败的）
dejected（沮丧的）
delighted（高兴的）
depressed（抑郁的）
deserving（值得的）
desirous（渴望的）
despairing（绝望的）
desperate（不抱希望的）
despondent（苦闷的）
devoted（热衷的）
determined（坚决的）
diffident（缺乏自信的）
disappointed（失望的）
disconnected（分离的）
discontented（不满的）
discouraged（气馁的）
disgruntled（不高兴的）
disgusted（厌恶的）

disheartened（灰心的）
dispirited（消沉的）
distraught（心烦意乱的）
distressed（烦恼的）
disturbed（焦虑不安的）
divided（有分歧的）
down（心灰意懒的）
drained（筋疲力尽的）
dread（惧怕的）

E
eager（渴望的）
ecstatic（欣喜若狂的）
electrified（极度兴奋的）
embarrassed（尴尬的）
empathic（同情的）
empty（空虚的）
encouraged（受到鼓舞的）
enjoyment（享受的）
enthusiastic（热情的）
envious（嫉妒的）
estranged（疏离的）
euphoric（心情愉快的）
exasperated（激怒的）
excited（兴奋的）

F
fascinated（着迷的）
fearful（害怕的）

flustered（慌张的）
forlorn（愁苦的）
fragmented（支离破碎的）
frantic（狂乱的）
free（随意的）
friendly（友好的）
frightened（受惊吓的）
frustrated（泄气的）
fulfilled（满足的）
furious（狂怒的）

G
gay（欢快的）
giddy（眼花缭乱的）
glad（开心的）
gleeful（愉快的）
gloomy（阴郁的）
glum（闷闷不乐的）
grateful（感恩的）
gratified（称心如意的）
grieving（悲痛的）
guilty（内疚的）

H
happy（快乐的）
hateful（憎恨的）
helpful（有帮助的）
helpless（无助的）
hesitant（犹豫的）

homesick（乡愁的）
hopeful（充满希望的）
hopeless（无望的）
horrified（惊骇的）
hostile（敌意的）
humble（谦逊的）
hurt（伤心的）
hysterical（歇斯底里的）

I
impatient（不耐心的）
indecisive（犹豫不决的）
indignant（愤愤不平的）
infatuated（迷恋的）
infuriated（激怒的）
insecure（不放心的）
inspired（受鼓舞的）
invigorated（生气勃勃的）

J
jealous（嫉妒的）
joyful（喜悦的）
joyous（快乐的）

K
kind（亲切的）

L
lazy（懒惰的）
lighthearted（无忧无虑的）
listless（无精打采的）

lonely（孤独的）
longing（渴望的）
lost（迷惑的）
loving（充满爱的）
lovestruck（热恋的）
low（消沉的）

M
mad（疯狂的）
manic（躁狂的）
melancholic（忧郁的）
mischievous（淘气的）
miserable（悲惨的）
moody（喜怒无常的）
mournful（悲哀的）

N
naughty（顽皮的）
nervous（紧张的）
numb（麻木的）
nurtured（受到鼓励的）
nurturing（滋养的）

O
optimistic（乐观的）
outraged（义愤填膺的）
overjoyed（喜出望外的）
overwhelmed（不知所措的）

P
pained（苦恼的）

pampered（娇惯的）
panicked or panicky（恐慌的）
passionate（充满热情的）
peaceful（平和的）
perplexed（困惑的）
petrified（目瞪口呆的）
pleased（欣喜的）
playful（嬉戏的）
powerful（强有力的）
powerless（无力的）
pressured（受到压力的）
protective（保护性的）
proud（骄傲的）
put off（心烦的）

Q
quiet（恬静的）

R
rageful（狂怒的）
rapturou（兴高采烈的）
rebellious（叛逆的）
regretful（懊悔的）
relaxed（从容的）
relieved（如释重负的）
remorseful（悔恨的）
renewed（恢复的）
repelled（被排斥的）
repulsed（被憎恶的）

resentful（愤恨的）
respectful（恭敬的）
restless（焦躁不安的）
reverent（尊敬的）
revolte（反感的）

S
sad（悲伤的）
safe（安全的）
satisfied（满意的）
scared（害怕的）
scattered（涣散的）
scornful（轻蔑的）
secure（安心的）
self-confident（自信的）
self-conscious（扭捏的）
self-pitying（自怜的）
serene（安详的）
settled（庄重的）
shaky（不坚定的）
sheepish（羞怯的）
shocked（震惊的）
shy（害羞的）
silly（愚蠢的）
solemn（严肃的）
sorrowful（悲伤的）
sorry（痛苦的）
spiteful（怀恨的）

stressed（紧张的）

stuck（难以自拔的）

stunned（受惊的）

stupefied（目瞪口呆的）

suffering（苦难的）

surprised（吃惊的）

suspicious（怀疑的）

sympathetic（同情的）

T

tenacious（固执的）

tender（温柔的）

tentative（踌躇的）

terrified（惊恐万状的）

threatened（受到威胁的）

thrilled（极度兴奋的）

thwarted（挫败的）

timid（胆怯的）

torn（纠结的）

tranquil（安宁的）

trapped（陷入困境的）

troubled（烦恼的）

trusting（信任的）

U

uncomfortable（不舒服的）

uneasy（心神不安的）

unsafe（无安全感的）

unsettled（情绪不稳的）

unsure（缺乏信心的）

uptight（紧张不安的）

V

vexed（恼怒的）

violated（被侵犯的）

violent（狂暴的）

vulnerable（脆弱的）

W

warm（热心的）

wary（机警的）

weak（软弱的）

weary（厌倦的）

weepy（眼泪汪汪的）

whimsical（异想天开的）

withdrawn（沉默寡言的）

wonderment（惊叹的）

wrathful（愤怒的）

Z

zany（滑稽可笑的）

The Art of
Emotional Healing

第 4 章
———
情随笔意，以画疗心

第二部分　用艺术疗愈情绪

绘出情绪的颜色

我们已经用视觉图像表达了情绪，那么为什么不迈出下一步呢？本章将帮助你在纸上通过颜色、线条、纹理、形状和图像制作来表达情绪。无论你是否有从事绘画的天赋或经验，这种形式都会有效。即使你不知道自己的感受，这种形式依然会有效，因为视觉艺术既是发现情绪的好方法，也是表达情绪的好方法，它是右脑说出自己想法的方式之一。视觉艺术是进入情绪、直觉、想象和创意突破领域的通行证。这样，你在以前从未使用的大脑部分的帮助下，能获得令人吃惊的发现和深入的洞察。你需要真正地了解自己的内心和灵魂。

你需要的材料

- 日记本（里面是不带横线的白纸）；
- 毡头笔（各种颜色，细头和粗头）；
- 美术纸，白色（18英寸×24英寸）绘图纸；
- 替代选择：用于绘画的彩色美术纸（12英寸×18英寸），比如斯特拉思莫尔（Strathmore）彩色美术纸簿，300系列；

- 彩纸（比如彩色美术纸或折纸手工纸等）；
- 蜡笔或油画棒；
- 粉笔；
- 水彩颜料和水彩笔（管装水彩或固体水彩）；
- 水罐（用来洗笔）；
- 剪刀；
- 胶水（白胶、胶棒或带滚珠的胶水）；
- 有很多照片的旧杂志，如《国家地理》（*National Geographic*）、《O 杂志》（*O*）、《时尚》（*Vogue*）。

绘画入门：色彩、线条、形状和纹理

正如我们从前文中的常用短语中看到的，颜色能够准确地表达某些情绪的特点。情绪具有能量，色彩也是如此。有些情绪是热的（就像红色或橙色的太阳），有些是冷的（就像蓝色的湖水），有些是黑暗的（就像黑夜）。你需要接受用色彩表达情绪的训练。相信你的直觉，此时无论你选择什么颜色都是对的。一开始我们用颜色抽象地涂鸦出我们的情绪。除了颜色，绘画中还包含视觉艺术的其他要素——线条、形状和纹理，它们是我们用视觉艺术探索情绪时所使用的基础材料。我们画水彩画、制作拼贴画时仍可用到这些要素。

这些材料的使用方法很简单。你可能在幼儿园或学前用过它们。如果你内在的艺术评论家开始说诸如"你不会画画""你没有这方面的天赋""这是小孩子的玩意，你有更重要的事情要做"这类话，你可以建议他歇一歇，而你继续读下去并完成活动。

画出你的情绪

第一项活动是乱涂乱画。如果这让你觉得自己像个小孩,那么给自己来点鼓励,因为这就是活动的目的。当你还是个孩子的时候,你能感觉到自己的情绪——你还没学会埋藏它们。你无法用语言描述你的情绪,但可以感知到。你会皱眉、哭闹、摔摔打打、尖叫、咯咯笑、大笑,等等。依然活在内心里的小孩是发掘情绪的最佳地点。

情绪测试

材料

- 大张白色美术纸或普通 A4 白纸;
- 绘画材料,如毡头笔、蜡笔或油画棒;
- 笔记本。

活动

1. 在大张的美术纸上,用非惯用手和绘画工具涂涂抹抹,表达出以下的各种情绪。使用最适合表达每种情绪的色彩。这是非常个人化的选择,没有对错之分。遵从你的直觉。把不同的情绪涂画在纸不同的部分,如果需要,可以画在不止一张纸上。画完之后,在每块涂鸦的旁边或下面写出情绪的名称。

注意:你也可以在日记本上涂画,每个情绪的涂鸦占单独一页。

害怕的	兴奋的	孤独的
快乐的	悲伤的	自信的
愤怒的	嬉戏的	困惑的

| 充满爱的 | 抑郁的 | 充满希望的 |
| 沮丧的 | 愚蠢的 | 平和的 |

2.用你的惯用手在日记本上回答以下问题：

- 是否有些情绪对你来说难以表达？如果是，难在什么地方？
- 画某些情绪是否让你觉得很有趣？它们是什么情绪？

3.用惯用手写一写当画出你最有趣的情绪时的感受。

4.依然用惯用手来写，不过这次是写当画出你最无趣的情绪时的感受。

5.你隐藏了清单上的哪些情绪？在日常生活中你表达了哪些情绪？用你的惯用手列两个清单：

- 我可以表达的情绪（如图4-1所示）；
- 我隐藏的情绪。

6.写出你对自己和任何显现出来的情绪的观察，用哪只手都可以。

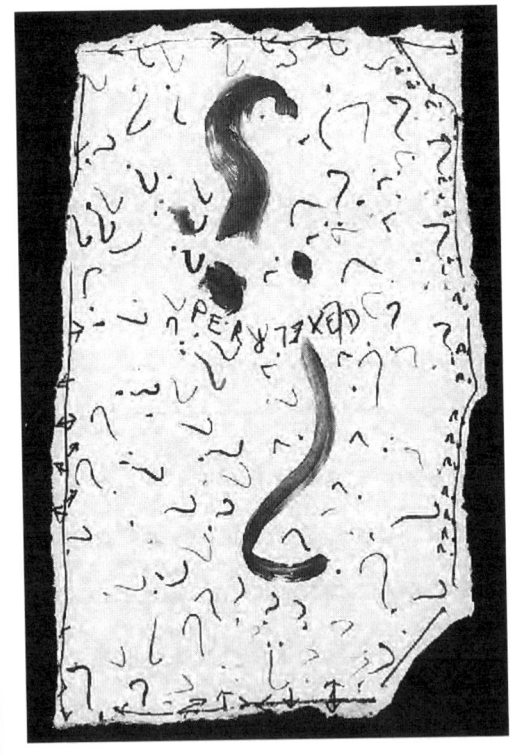

图4-1　画出了困惑的情绪

涂鸦情绪

材料

- 大张白色美术纸或普通 A4 白纸；
- 绘画材料，如毡头笔、蜡笔或油画棒；
- 日记本。

活动

1. 回想最近一次你情绪强烈的时候（如果你正感受到强烈的情绪，就用它来实施活动）。在大张的美术纸上，用非惯用手和绘画工具画出一幅情绪的图画。

- 什么颜色能表达这种情绪？
- 它是什么形状的？
- 什么样的线条和纹理最能代表这种情绪？

2. 用你的非惯用手在你的画上写出这种情绪的名称，然后为这幅画写个标题。记住，没有对错之分，听从你的直觉。

3. 看着你的画。在日记本上用你的惯用手写出你对它的观察：

- 你觉得表达这种情绪困难吗？
- 在画的时候你感受到这种情绪了吗？
- 它和你目前的生活状况有联系吗？如果有，把相关的情况写一写。

例如，一位女士画了一张有关悲伤的图（如图 4-2 所示），她把这张图称为"黑洞"。这种情感来自看到她母亲的健康每况愈下。

画完这幅图并谈过它之后,这位年轻的女士又画了另外一幅图(如图4-3所示)。

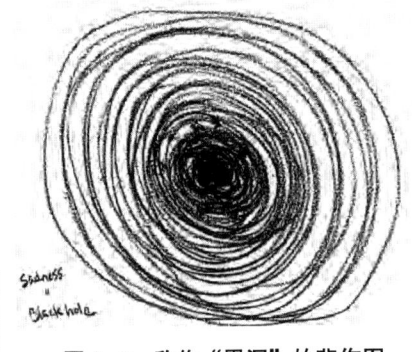

图4-2 称作"黑洞"的悲伤图　　图4-3 被称作"生命"的图

这是她的第二幅画,使用了多种颜色,被她称为"生命"。这位女士显然振奋了很多。她决心要找更多的时间玩。这就好像她在说:"生命很宝贵,要尽可能享受它。"

用涂鸦为愤怒开门,释放长期压抑的情绪

情绪像人一样,不想被忽视或被排斥。它们会砰砰地用力敲门,直到你让它们进来,加入其他情绪家族,因为这些情感是我们人类生活的一部分,所以我们也要给愤怒开门,和它打招呼,欢迎它进来。如果我们这样做,它就不会伤害我们任何人,它只想得到认可。

关于长时间被压抑的愤怒如何造成压力和疾病,可以写很多书。例如,通过研究发现,仇恨和怨恨会造成血液中应激激素的增加,导致免疫系统变弱,这就

是应激反应的结果。在长期压抑愤怒的情况中，愤怒会恶化成怨恨和仇恨，它们会内爆伤及我们自己的健康，或者爆发出来伤害到他人。囤积这种强有力的情绪就像在不加限制地制造军火，一旦引爆则无法控制。

一种比较有建设性的处理愤怒（和其他相似情绪）的方式是感知它，安全地表达它，然后富有创意地使用它。愤怒能救命，也能要人命。当愤怒促使我们做出正确的行为时，它可以救命。当愤怒破坏性地爆发时，它能要人命。愤怒有时能培养我们的自尊，比如一些受到过虐待的幸存者，他们会把愤怒转化为积极的自信。当我们接受不公的对待，把愤怒向内转化为自我评判、怨恨、抑郁或无助时，愤怒会毁掉我们。

首先，我们应该承认有时候我们确实会生气，这是事实。在这里接纳愤怒很重要，因为我们在这种情绪上的问题源自我们不愿意承认我们生气了。"生气？谁？我吗？我没生气。什么让你觉得我生气了？"当被问到这个问题时，我们会厉声回应，我们的语调无法掩盖真相。如果有人告诫我们说生气是不对的，我们就会时时否认它，但是愤怒是我们真实的情绪，否认它会造成困境。

在我们的社会中，最公开、最明显的表达愤怒的方式之一就是涂鸦。脏话、不雅的图案破坏了墙壁和建筑的美观，令人震惊和沮丧。我们想扑灭怒火。这样做的孩子发生了什么事？我一直相信喷涂涂鸦的人在试图告诉我们什么，而且采用的是他们所知的唯一方式。如果我们为年轻人提供艺术学习，让他们可以坦然地在纸上、画布上、墙壁上宣泄他们的情感，我相信这类破坏会大大减少。在有些地方，孩子们把涂鸦变成了一种艺术形式，在一些城市，比如洛杉矶和圣达菲，社区会给年轻人机会，让他们在壁画上尽情发挥其创意。情绪总要被表达出来，要么以富有创意的方式，要么以破坏性的方式，这取决于我们的选择。

> **警告：** 如果你是遭受过虐待的幸存者，独自面对你的愤怒对你来说太可怕了，你可能需要专业人员的帮助。如果你还没有得到专业性的帮助，去寻求这样的帮助。在尝试任何活动时，如果产生的情绪让你受不了，一定要停下来。我强烈建议你寻求帮助。优秀的治疗师能辅导你克服恐惧，最终让你安全地实施这些活动。

通过涂鸦发泄你的愤怒

重复以上的"涂鸦情绪"的活动，但只以涂鸦方式宣泄愤怒、怨恨、狂怒等类似的情绪。如果你现在没有这样的情绪，回想最近一次你很气愤时的感受。如果你正为什么事情感到愤怒，那就把愤怒画在纸上吧。

对每个人来说，涂鸦是发泄怒气的好方法。一位女士在工作中就很好地采用了这种方法。

她的老板是个控制狂，让每个人都不好受。这位女士快忍受到极限了。如果她冲动行事，很可能会被解雇。她走进洗手间，在纸上一页又一页地涂鸦以发泄怒火，在纸上尽情地斥责它。这样做既可以暂时感到满足，还不会有丢饭碗的风险。她宣泄了情绪，没有让自己失控。她控制住了情绪，而不是让情绪控制了她。回到办公桌边时，她又可以投入工作了。这位女士后来确实辞职了，但不是在气头上做出的决定。她是在有其他工作机会的时候提出辞职的，而且老板还写了推荐信。换言之，她把自己照顾得很好。

下一个活动是通过文字（甚至是脏字）和简单的图像，这也是表达愤怒的一种好方法。我们的内心都有一个叛逆、愤怒的孩子，是时候采用一种富有成效的方式让他出来了。你可以使用旧报纸或 A4 白纸,你也可以采用比较隐私的日记方式,只要你觉得舒服就行。我建议你最好通过单独涂鸦的方式,把所有的不痛快都表达出来。

> ### 直抒胸臆
>
> 材料
>
> - 大张白色的美术纸或旧报纸;
> - 日记本;
> - 大号毡头笔、蜡笔或油画棒。
>
> 活动
>
> 1.用你的非惯用手,在美术纸(或你的日记本)上涂鸦,以宣泄愤怒。可以用任何词语或句子来表达这种情绪。不要思考,只是不停地涂涂写写就好。
>
> 2.然后安静地坐着,看看现在的你有什么感觉。你是否愿意把你对这项活动的观察评论写出来?愿意的话,用你的惯用手来写。

情绪的图像

在前文中,我列出了一些描绘情绪的常用图像,现在你要把这类比喻性的右脑思维转化为你自己对愤怒的描绘,这种方法可以用于任何情绪。既然我们在专门讨论与愤怒有关的情绪,所以我想让你画出愤怒。同样地,颜色、线条、形状和纹理都是很重要的构成部分。

如果内在的批评者又开始说你"这不会,那不行",我向你保证,这些都不是问题。我没有让你创作艺术作品，没人会批评你的画。你不要自认为是名技艺高超的艺术家，你只是在学习一种新语言而已。一开始谁都是笨手笨脚的，即使艺术家在表达艺术上也不是驾轻就熟的，因为他们太习惯于创作那些出色的、用于展出或出售的艺术品了。我对此太熟悉不过了，因为那就是我最初发现表达艺术时的真实感受。作为一名拥有艺术学位和丰富经验的专业人士，看到我第一次画出的自己的真实情感时，着实吓了一跳。在我看来，确切地说是在我的内在艺术评论家看来，我画得实在太丑、太粗糙了。我认为自己一定会放弃了。幸运的是，我坚持了下来。我希望你也能坚持，无论你是否受过艺术训练，是否有艺术方面的经验。

情绪的画像一

材料

- 大张白色美术纸；
- 绘画材料，如毡头笔、蜡笔或油画棒；
- 日记本；
- 替代选择：彩色美术纸，而不是白纸。

活动

1. 反思愤怒情绪。可以用你喜欢的词汇，如怒火冲天、气得发疯等。感觉愤怒在你身体里的什么地方？那是什么样的感觉？生气的时候，你的整个身体有什么感觉？

2. 用绘画工具通过非惯用手画出愤怒的画像（如图 4-4 所示）。

黑色笼子里红色（浅色）的涂抹表现了这位女士试图把她的愤怒囚禁起

来，但愤怒还是喷发出来。

3.然后安静地坐着，看你现在有怎样的感觉。在日记本上用惯用手写下你对愤怒画像的观后感。

- 看一看你使用的颜色。对于你的情绪，它们表达了什么？
- 线条是怎样的？很重还是很轻？是参差不齐还是线条分明？
- 你是否用纹理表达了愤怒？以什么方式？

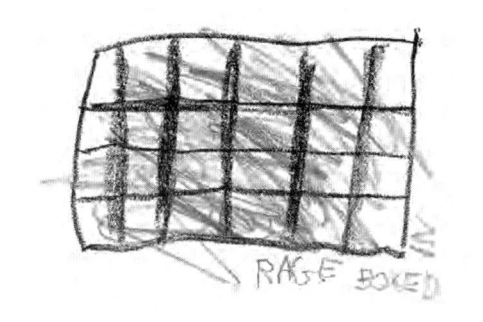

图 4-4　愤怒的画像

有时，愤怒有助于你画出受某种情绪控制的更深层自画像，这可能需要花比较多的时间，但会像快速地涂鸦一样具有宣泄作用。在日记中解读你的画，能让你深刻洞察是什么导致你产生了激动的情绪。一位女士画了一幅很生动的愤怒自画像（如图 4-5 所示），它比有关仇恨和怨恨对身体的影响的研究还要早很多。

图 4-5 看起来就像 X 光拍出的身体内部的状况。通过形象地描绘她的情绪，绘画者在释放愤怒的同时也将身体中的很多紧张情绪释放了出来。更重要

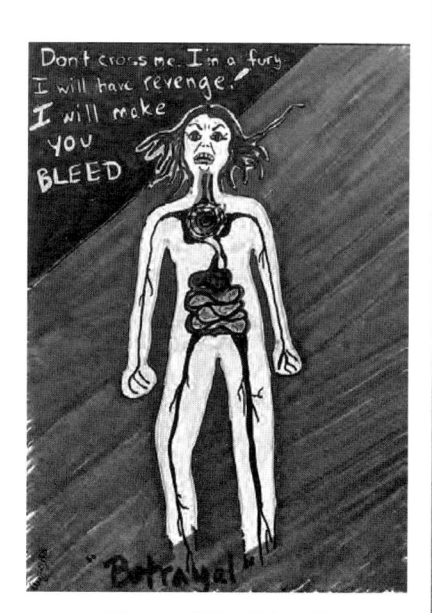

图 4-5　愤怒的自画像

的是，她能认识到愤怒在对她的身体做着什么。

我们的右脑本能地知道怎么画能够表达出身体和情绪上的真实情况。画我们自己就像照一面特殊的镜子。差别在于艺术画作展示了我们的内在生活，这是镜子永远也做不到的。绘画还揭示了某种情绪对特定的身体部位有怎样的影响。

情绪的画像二

材料

- 大张白色美术纸；
- 绘画材料，如毡头笔、蜡笔或油画棒；
- 日记本；
- 替代选择：彩色美术纸，而不是白纸。

活动

1. 用非惯用手画出你在感受到并表达愤怒时的图像，写下能够表达这种情绪的词汇或短语。

2. 坐着观看你完成的画作，用心感知你的身体和情绪。你的身体感觉如何？情绪呢？

感到愤怒浮现出来时，你会意识到让你生气的人是谁。如果是这样的话，你可以用以下的活动在日记本这个安全的场所宣泄你的情绪。通过写作，你可以在不直接面对对方的情况下把这些情绪发泄出来。只要承认你的情绪力量并表达出来即可，不需要斟酌字句，也不需要拿给别人看。更确切地说，这是一

第二部分　用艺术疗愈情绪

种把你的情绪发泄出来的方法，就像胡写胡画一样，你只为自己的情绪负责就好。

宣泄情绪

材料

- 日记本；
- 毡头笔。

活动

1. 用非惯用手在日记本上给令你气愤的人写一封信。这个人可以是在世的，也可以是故去的。告诉这个人你的感受以及你为什么生气。

2. 在日记中告诉这个人，你有怎样的解决办法。用惯用手把这些办法写下来。这封信只给你自己看。

用拼贴画将你的爆发性情绪仪式化

释放愤怒、沮丧这类热情绪的最好的二维方式之一是制作拼贴画。当你怒气冲冲时，撕扯纸或织物会让人特别满足。把东西撕碎的行为本身就具有治疗性。一个少女告诉我，当她非常生气时，她会撕碎过时的电话号码簿。纸被撕碎时的声音和撕的动作让她能释放在身体里沸腾、即将失控的情绪。另一种能释放这些情绪的媒介是黏土，我们会在第 5 章中探讨它。运动、舞蹈也能释放愤怒和其他情绪，我们在后面也会探讨这些艺术形式。使我们能安全地、没有破坏性地释放这些情绪的方法都很宝贵。

拼贴画为我提供了在使用表达艺术中最有效力、最令人满意的体验之一。我间接地听说我有一本书不再印刷而绝版了，对一位作者来说，这无异于被别人在肚子上捅了一刀。所有的辛苦都化为乌有。更糟糕的是，我是通过发行部了解到的，他们降价处理了我的书。我的编辑甚至没有基本的责任心，没有打电话告诉我发生了什么。对于这种不公正的对待，我感到很震惊、伤心、失望、愤慨。正如他们所说，我火冒三丈。

我使用了从杂志上剪下来的血红的纸和乌黑的纸，还用了我自己收藏的纸，我把它们撕碎，然后粘贴（如图 4-6 所示），我潦草地写出了我的情绪（如图 4-7 至图 4-10 所示）。愤怒过后，我感到悲痛。不经意间我创作出一个巨大、粗糙、阴道形状的图形。后来我意识到我的书就像我的孩子，我感觉自己就像一个孩子胎死腹中的女人，因为某人的决定，"我的孩子"被从我身上扯掉了。撕纸可以让我爆发性的情绪（震惊、失望、无助和悲痛）仪式化。最重要的是，我对整件事的处理方式感到无比愤慨。

图 4-6　我愤怒后做的拼贴画

图 4-7　我愤怒后的涂鸦一

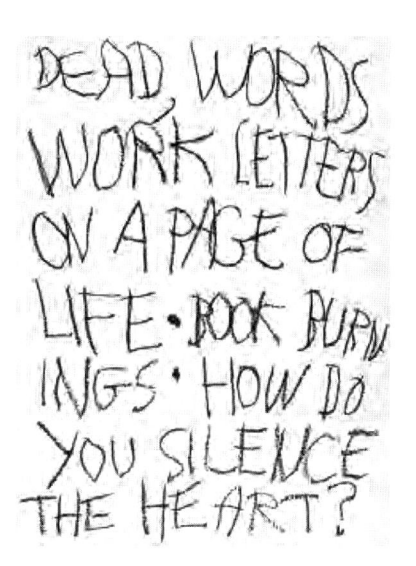

图 4-8　我愤怒后的涂鸦二

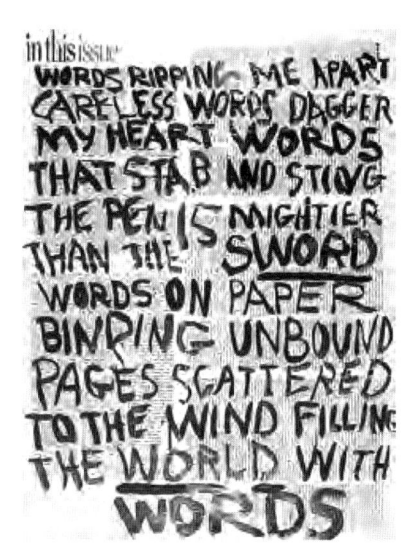

图 4-9　我愤怒后的涂鸦三

图 4-10　我愤怒后的涂鸦四

做拼贴画帮我清理了身体、情绪和头脑，因此我能决定接下来该怎么做了。

我采取了应有的行为，可以以职业的方式做出回应。那本书没有再次印刷，但我可以继续写，写更多的书。最重要的是，我很感谢拼贴画这种方式，它帮助我以我所知的最好的方式来处理令人痛苦、难应对但非常合理的情绪。

尽情撕

材料

- 美术纸；
- 剪刀；
- 胶水；
- 带照片的杂志；
- 绘画材料（如上）；
- 笔记本；
- 毡头笔；
- 彩纸（如彩色美术纸）。

活动

1.把绘画材料放在美术纸的旁边，开始在杂志上寻找能表达愤怒的色彩、图像和文字。如果你正怒气冲冲，就表达出来。如果你没有生气，可以回想你非常生气时的情形，把它通过绘画材料宣泄出来。

2.从杂志和彩纸上撕或剪下图像和形状。把撕下来的素材贴在美术纸上。如果你愿意，可以在拼贴画周围用文字或涂鸦描述你的情绪。

3.完成拼贴画之后，安静地坐着，观察你的情绪。你现在有什么感觉？在日记本上用非惯用手写出你的感受。

感觉散乱

在如今这个复杂的世界里,最常见的抱怨是我们觉得散乱或者我们的头绪太多。我们会说,我没办法集中精力,或者我失去了控制。做拼贴画是探索这些情绪的良好方式。通过把纸或织物剪成碎片,你可以将这些情绪仪式化,这有助于你以新的方式体验混乱或支离破碎的感觉。散落在桌上的碎纸片看起来什么都不像,但当你为了表达情绪在美术纸上重新组织它们后,全新的意义就会浮现出来。自己试一试吧。

> **零零碎碎**
>
> 重复"尽情撕"的活动,这次聚焦于散乱、千头万绪、支离破碎的感觉是怎样的。同样,选择最能表达这种散乱情绪的色彩和形状。你甚至会发现杂志上的一些照片直接描绘了这种状况,或许是一张陷入迷乱的人的照片。把这些图片放入你的剪贴画。
>
> 如果你现在没有感到千头万绪或支离破碎,回忆最近有这种感觉的时候。如果你现在就有这样的情绪,那么在纸上表达出来。

当一切都乱七八糟时:混乱、困惑、矛盾

在左脑占主导、崇尚逻辑和知性思维的世界里,接纳情感(情感是非理性的)并不容易,尤其是像困惑、矛盾这类模糊的情绪。这些情绪让人无从下手,而且很难描述清楚。我们更喜欢一清二楚、简单明确、有理性的事物,而那些看似以杂乱无章的方式到处蔓延的情绪会让很多人感到不舒服。尽管愤怒、悲伤、恐惧

比较容易识别,但是否接纳它们却是另一回事。尽量拥抱我们所有的情绪吧,包括允许像混乱、困惑、矛盾这样的情绪表达自己。由于很难说清楚这些情绪,因此视觉艺术是接近它们的良好途径。

我把一页杂志撕碎,让碎片散落在美术纸上(如图 4-11 所示)。它确实帮助我认识到我在这方面做得如何。碰巧那个时候我没有重点,不会排事情的优先顺序。我承担的事情太多,千头万绪,然后就感觉自己好像要四分五裂了。

图 4-11 我混乱情绪的拼贴画

撕碎

重复以上"尽情撕"的活动,但只聚焦于混乱、困惑和矛盾。

正如之前提到的,某些艺术形式特别适于诱导出特定的情绪,一部分原因在于使用这种形式时的身体体验。正如我们在前文中看到的,如果你觉得要四分五裂了,撕碎东西确实有助于释放这种情绪。另一个同样重要的因素是形式本身的性质。当然可以用任何艺术材料表达任何情感,但有些材料比其他材料似乎更令人满意、更有效。我把这称为形式与情绪的匹配。每个人的情况都会不同。你也许喜欢用黑色蜡笔表达混乱,但其他人喜欢用几种对比色或用形状。

一位女士表达矛盾情绪的方式是把杂货店大牛皮纸袋的一侧撕开，把它展开，铺平，用它做拼贴画的背景。她撕了一些形状，把它们粘上去，还把撕下来的碎片和背景纸都涂了颜色。她使用了很多黑色、绿色、深蓝和灰色，最亮的部分用了一些红色和白色（如图4-12所示）。

图 4-12　某女士表达矛盾情绪的拼贴画

就像我们对事物的感觉不同一样，我们看事物的方式也不一样。这里提供的形式或材料只是建议。如果你觉得其他艺术材料很适合你表达某种情绪，那就追随你的直觉吧。让情绪和你所选的媒介匹配起来。

用粉笔画出你凌乱、棘手的情绪

让我们探索另一种材料——粉笔。粉笔比较软，容易掉粉，粉笔的粉会沾在我们手指上。他们非常适合画柔和的轮廓和淡雅的色调。粉笔是一种很有触感的材料，因为你可以用沾在手上的笔粉直接在纸上作画。这种性质使粉笔很适合表达比较微妙、比较柔和的情绪。粉笔还会造成一点小脏乱，所以如果你想表达凌乱、棘手的情绪，粉笔也很合适。最后，你需要亲自体验一下。让我们做下一个活动吧。

困惑

材料

- 美术纸；
- 各种颜色的粉笔；
- 喷雾式固定剂或便宜的发胶，用来固定完成的画作（避免粉笔被抹掉）；
- 用来清洁手的湿纸巾（注意：美术纸的表面要有吸附性。光面纸不适用，因为粉笔吸附不上。例如，复印纸就太光滑、太薄了；彩色美术纸比较适用）。

活动

1. 把绘画材料放在美术纸旁边，挑选几种能够表达混乱、困惑和矛盾的颜色。如果你没有这些情绪，就从情绪目录中找到适合你的情绪。

2. 在画的时候，观察媒介和颜料的性质：

- 在表达这种情绪时，你可以使用什么样的线条？
- 什么形状反映了这种情绪？
- 色彩如何沾在你的手指和手上？忠实于你的情绪，让它们通过粉笔表达出来。

3. 完成绘画后，静静地坐着看它。你看到了什么？你有什么感受？

用水彩笔涂出你的混乱、困惑与矛盾的情绪

探索混乱、困惑和矛盾这类情绪的另一种形式是画水彩画。因为可以调色，

所以12种或更多的颜色足够用了。你会发现水彩很难控制。这和水彩的性质有关，水会流得到处都是。你加的水越多，水彩越会显得好像有自己的想法。它不愿停留在原地，这多像困惑的情绪。它们莫名其妙地到处游荡，就是不想固定下来，也很难说清楚。水彩也是如此：它要求你顺其自然，随性发挥，需要你有灵活性。

如果一种颜色流入了另一种颜色，就会形成乱脏脏的一片，你可以观察它，随它去。水彩不仅能够检验你随遇而安的能力，还可以很诗意地反映柔软、微妙的情绪。所以，享受这种流动的、美丽的材料吧。它会让你对人生有很多感悟，你可以把它视作一种冥想。

顺其自然

材料

- 美术纸；
- 12种颜色或更多颜色的水彩（管装水彩或固体水彩）；
- 水彩笔；
- 水罐；
- 用来吸干水彩笔和弄湿画纸的纸巾（注意：美术纸一定要有吸水性。光面纸不好用，因为它们不吸收水彩）。

活动

1. 把绘画材料放在美术纸旁边。
2. 把纸巾的一角弄湿，轻轻地在美术纸上摩擦，然后在微湿的纸上用非惯用手画出你的情绪。从我们之前讨论过的情绪家族中挑选一种情绪来表达。是矛盾、困惑吗？同样，如果这些词不能说明你的情绪，去情绪目录中找适合你的情绪。

图 4-13　用水彩创作的一幅手印情绪画

3. 探索这种材料的流动性，这是它所独有的。加的水多，颜色就会变淡；加的水少，颜色就会变亮。你也可以混合各种颜色。想画几幅就画几幅。把颜料涂在手上，然后把手和手指按在美术纸上，创作一幅手印情绪画（如图 4-13 所示）。

在思考肮脏和混乱时，我想到了脏脏的手。我在一只手的手掌上涂了铁锈色，然后把它印在纸上。弄得又脏又乱，感觉真好。颜料快干时，我描出了手的轮廓，感觉更乱了。我洗干净手，换了其他颜色。我用深蓝和白色在纸上印出了更多的手。这让我对混乱和肮脏有了全新的认识。在日常生活中，我通常很苛刻，所以很奇怪自己会喜欢这种创作，我甚至喜欢最终的成品。

4. 印完后，安静地坐着观察你的情绪。这个过程是怎样的？现在你有怎样的感受？

替代选择

也可以用手指印。我建议你稍晚尝试。如果你决定试一试，你可能需要更适合手指印的纸（光亮平滑的纸）。手指印比较浓重、湿润、杂乱，通常需要光滑的纸，这样手指印才能留在纸面上，不会被太快吸收。

受到惊吓：恐惧

恐惧是最基本、最常见的情绪之一，它驱使我们做出很多行为，对周围世界做出反应。恐惧能救命，但是长期的恐惧会摧毁生活。我同曾遭受持枪抢劫的受害者交谈过，他们因为恐惧而幸存下来。他们从来没有想过和犯罪分子对抗，他们太害怕了。在这种情况下，很多抗拒者被杀害或受到伤害。在面对自然灾难或事故时，恐惧也是很正常的反应。恐惧促使我们寻找躲藏和保护。从1994年洛杉矶地区大地震和余震中幸存下来的朋友和家人依然会谈起那种撕心裂肺的恐惧。恐惧和本能促使他们避开地震中摔碎的家具、瓷器和镜框。他们躲在桌子下面、房屋角落里、橱柜里和各种他们从没想过的具有保护作用的隐匿处。

我们都有自己害怕的东西，如蛇、蜘蛛、乘飞机、牙钻、老板发火、失业、死亡、公开演讲、破产、生病和衰老。稍做停顿，问一问你自己："我最怕什么？什么事情、情况或人让我最害怕？"

除了恐惧，我们日常还会感到担心。我们不是在练习积极思维的力量，而是在用想象创造消极的肯定。长期停留在担心和恐惧的思维框架中是致命的。担忧引发的压力当然无益于我们的身体和心理。沉溺在对未来可能发生的糟糕情况的担忧中，会使我们很难富有创造力地活在当下。抱持消极思维的时间越长，我们越有可能创造出自我实现的预言。我们知道担忧和恐惧会导致身体产生有毒的化学反应。

就像所有情绪一样，恐惧也能给予我们教义。无论是对危机或长期态度的反应，恐惧都是学习信任和勇气的坦途。它让很多更亲近神灵，甚至激发无信仰的人探索无上力量的可能性。在接下来采取多种形式与材料的活动中，你将会探索恐惧的很多方面，从这个最令人痛苦、最富挑战性的情绪之一中获得启发。

> **恐惧看起来像什么**
>
> 重复上文中"尽情撕"的活动,但这次你的注意力要集中在恐惧像什么上。这次除了制作拼贴画,你还会采用其他形式。

我选了一张灰色的纸。我感觉恐惧是灰色的,就像乌云。一开始,我有意识地撕掉了纸的边缘。在感到紧张和恐惧时,我经常会无意识地撕餐巾纸。我用蜡笔和颜料画了一个蜷成胎儿姿势的人。我觉得我的恐惧是一种颤抖和自闭,我需要保护我自己。我用胶水把我从边缘上撕下来的纸围在小人的周围,形成保护。我在这些纸条上和纸条周围涂上黑色。这样保护墙就完成了,在我看来它看起来像监狱周围高高的铁丝网围栏。铁丝网保护着我,但同时我也成为自己恐惧的囚徒(如图4-14所示)。完成这幅拼贴画后,我感觉好多了。

图 4-14 我制作的表达恐惧的拼贴画

情绪低落:抑郁、悲伤、悲痛

心情低落、忧郁是我们都曾经历过的情绪。如果我们认为自己应该永远快乐,那出现这些情绪就是有问题的。我们隐藏这些情绪或者否认存在这样的情绪。在感到忧伤时挤出笑脸会导致这些情绪被压抑。

第二部分　用艺术疗愈情绪

生活中有很多令人悲伤痛苦的情况，比如所爱的人去世、失业、一段感情的结束、搬家，以及和熟悉的地方、生活方式告别。有时一个时代的结束，如毕业、一个项目结束、达成目标，甚至我们取得了成功，要和困难的过程说拜拜也会令我们神伤。我们会想念某个人、某次活动，以及努力实现目标过程中的挑战。有时，我们甚至不知道自己感到悲伤，直到我们开始通过艺术探索自己的情感。

对于因为某些事而感到悲伤的人来说，艺术表达是非常宝贵的工具。这些情绪一波一波涌来，你以为自己已经为逝去的一段感情或爱人哭干了眼泪，不会再难过了，但悲伤会突然再次涌出。允许情绪自然流露很重要，不要质疑它们，也不要试图赶走它们。在支持群体和丧亲咨询中，艺术提供了接纳悲痛和允许表达悲痛的良好工具。有时通过和我们信任的人分享这类图像，我们可以得到他人的同情。

另一方面，我们需要认识到长期沉溺在悲痛中会破坏我们的健康，抑郁、悲伤和孤独被证明会导致身体释放与压力有关的化学物质。更好的应对方式是感知、疗愈，让它们过去。在这样做的时候，我们不是努力让它们消失；正相反，通过艺术来表达它们会让这些情绪呈现在我们眼前，使它们被看到、被承认。图4-15是我画的表达悲伤的水彩画。

图4-15　我画的表达悲伤的水彩画

回顾前文中的活动

无论你为目前的状况感到伤心,还是长期郁郁寡欢,都可以用我们已经探讨过的形式或材料来表达这些阴郁的情绪。我建议采用本章描述过的所有活动。你可以一次进行一项活动,或者选择你认为最适合表达某种情绪的形式:

- 画出你的忧郁;
- 在感到情绪低落时画画,对颜色进行混合,以符合你的心情;
- 找能够反映抑郁或悲伤的杂志图片,制作拼贴画;
- 看着你的作品,在日记本上写出你的洞察。

相信你的直觉,并顺着它。记住,生活是彩虹,它包含各种色彩和情绪。通过视觉艺术来释放它们。

无助与脆弱

在崇拜力量的世界中,无助和脆弱感会让人皱起眉头。在商业世界和很多组织机构中,情况尤其如此。我们最敏感的弱点被小心地伪装起来,因此隐藏了自我很重要的一个方面。通过隐藏脆弱性,我们戴上了好像永远不会受伤害的面具。我们把自己和别人隔绝,不去触碰内心最脆弱的部分,因为爱源自同情和慈悲,而慈悲源自痛苦。当我们把最脆弱的点暴露出来时,我们就开启了它的疗愈。有句名言是,我们会在废墟中变得更坚强。正是在接纳这些破碎中,我们找到了真正的内在力量。

如果情绪是老师,那么或许这个情绪家族是所有老师中最好的。在12步的计划中,第一步是承认自我在成瘾物质或行为面前的无力。这会促使人们向群体寻求帮助,更重要的是,向内在更高的力量求助。在整个人类历史上,宗教皈依和精神突破都生发于痛苦和脆弱性的沃土。童话故事和神话讲述的是突破最黑暗障碍的魔法。英雄通常是弱小的孩子,他们的对手是巨人、巫师或其他看似无法战胜的怪物。这些磨炼和苦难都会有光明的结果。英国伟大的作家约翰·罗纳德·瑞尔·托尔金(John Ronald Reuel Tolkien)曾写道:"每个好故事里都有一个关键时刻,那是最黑暗的时刻,但正是在这个时候,神奇的事情发生了,比世界之墙还要宽。"何等美妙的想象,其中蕴含着启示。在超出我们有限的感知的地方,存在着"比世界之墙还要宽"的事物,在等着我们去发现它。在黑暗的另一端有阳光。

回顾前文中的活动

脆弱性和无助感可以用多种形式来表达。我建议你回顾你已经熟悉了的那些活动。运用你自己的直觉,将什么形式或材料与情绪进行匹配。问你自己:"哪种形式最适合传递这种情绪?"看看有哪些可能性,可以考虑将形式混合使用:

- 用粉笔或毡头笔作画;
- 用水彩画画;
- 制作拼贴画;
- 多种形式组合;
- 在日记本上写出你的感受,用哪只手都可以。

颜色很重要,但尺寸也很重要。很多人发现小幅的纸特别适合表达脆弱

> 感。在选择形式或材料时,问一问自己,你觉得多大比较合适。一位女士创造了很小一幅画,她给它取名《缩小》。画中有一个彩色的点,这个点处于一个圆中,这个圆位于一个非常小的画板的中心。她特地选了很小一块画板边角料,而且只用了画面的很小一部分,用来描绘缩小的感觉。

脆弱(以及伤心和悲痛)都会让我们跪地屈服。正是双膝跪地时,我们开始祈祷,开始感恩,开始承认我们内在最黑暗,也是最光明的部分。人性的也是神性的。

用最恰当的方式体会情绪家族中的快乐分子

在本章的开头,我们探讨了人们最不肯承认、最难用安全及有益的方式表达的情绪。在治疗中,需要帮助来访者去接纳愤怒、困惑、恐惧、孤独、悲伤、无助和痛苦这些情绪。在工作坊中,这些情绪一而再、再而三地出现。这些情绪是很好的礼物,因为它们会让我们变得深沉、成熟。它们使我们就像美酒或奶酪一样越陈越香。而其中的矛盾之处在于,当我们接纳痛苦、混乱和困惑时,我们也在锻炼使我们能感受到平和、快乐与爱的情绪肌肉。先纵身跃入灵魂的深处,我们才能自由地高飞。黑夜过去就是白天,相应地,我们会先感到悲痛,再感到快乐。回避困难的情绪会让我们对所有情绪都变得麻木。以色列前总理果尔达·梅厄(Golda Meir)夫人曾说,如果你不能由衷地哭泣,便不能由衷地欢笑。表达我们最不愿面对的情绪,能使我们成为更完整的人,体验真正的活着。

在影片《天使之城》(City of Angels)中,尼古拉斯·凯奇(Nicholas Cage)

饰演的角色赛斯是一位天使，他不受人类情绪和身体感觉的影响。尽管在感知上他处于很平和的状态，但他渴望参与到人类的状况中。他选择放弃天使的身份，坠入凡间。在和心爱的女人度过幸福的一天后，他失去了她。梅格·瑞恩（Meg Ryan）饰演的这个女人在车祸中丧生了。后来，另一位天使问他，如果知道这样的结果，他还会想变成人类吗。他充满感情地回答"会的"。他还会选择做人类，哪怕闻一闻她的秀发，只亲吻一次就足矣。

当我们通过表达艺术倾听内心自我时，我们自己找到的平和与爱会非常令人敬畏。艺术成了冥想和祈祷。肯特曾经患有慢性疲劳综合征，严重到无法继续从事顾问和教师的工作。他是一个很有创造力的人，在生病期间他开始摄影和绘画。他发现内心有很多被否认的情绪：从未被感知和表达的情绪。肯特还发现了玩闹和快乐。当通过画画和写作发现了这些情绪，富有创意的有力声音开始出现，新生活、新职业就此诞生。他一开始曾经逃避婚姻，后来可以面对婚姻了，现在他享受着幸福的家庭生活。

活动

你在前文中探索的所有形式和材料都适合表达这个情绪家族，包括快乐的、充满爱的和嬉戏的。如果你需要找其他词来表示你的情绪，可以查看情绪目录，然后找到最适合表达你的情绪的形式（如图 4-16 所示）。让我们回顾一下，上文探讨的形式和材料包括：

- 用蜡笔、油画棒或粉笔画画；

图 4-16　我画的表达高兴的画

- 制作拼贴画；
- 画水彩画；
- 在日记本上写出你的洞察。

表达艺术就像冥想：平和、满足、宁静

视觉艺术是一种古老的冥想形式，比如藏传佛教中的唐卡、印度教中的曼陀罗图案、挂在亚洲家庭祭拜坛上方的书法卷轴以及天主教、印度教传统中的圣像等。就像哥特式大教堂的圆花窗一样，这些例子中的曼陀罗出现在整个人类历史中，并在这些文化中都被作为礼拜和中心的图案。我最喜欢的精神体验艺术形式之一是冥想时用的禅画。僧侣和尼姑艺术家创作书法卷轴，卷轴上有给予人灵感的文字和毛笔画。人们相信艺术家和热爱这些艺术家的人能够通过创作或思考这些作品而觉悟。

顺从形式，不知道结果会是什么，这对于探索平和和宁静这样的情绪特别合适。放开控制，让过程展开，我们会顺其自然地生活。

水彩，尤其是用日本或中国的毛笔来画，非常适合表达宁静与平和。加上粉笔，绘画会变得更加丰富。粉笔会融合到打湿的纸里。蜡笔抗色技法就是用水彩画完之后再用蜡笔画，它同样适用于表达这些情绪。

制作拼贴画是探索平和、宁静和满足的另一种很好的形式。在杂志里找一些表达这些情绪的照片。当你把拼贴画像海报一样贴在墙上，它们能够在视觉上强化这些情绪。每天看一看它，你的生活会变得有光彩。

你目前使用过的任何媒介都可以用来表达平和、满足和宁静。冥想性的绘画最好用非惯用手来画，你的洞察也同样用非惯用手来写。回顾以下形式和材料，

挑选一个吸引你的：

- 用蜡笔、油画棒或粉笔来绘画；
- 画水彩画；
- 制作拼贴画（使用两只手）；
- 多种形式组合；
- 在日记本上写出你的洞察。

愿你平和

材料

- 美术纸；
- 一盒 12 色或更多颜色的水彩；
- 水彩笔；
- 水罐；
- 纸巾（用来擦干笔）；
- 粉笔或油画棒；
- 日记本；
- 毡头笔；
- 替代选择：小号或中号日本毛笔或中国毛笔；
- 你挑选的冥想音乐。

我经常欣赏以下音乐专辑：

- 分别由托尼·斯科特（Tony Scott）、宇泽新一（Shinichi Yuze）、山本邦

山（Hozan Yamamoto）演奏的单簧管、日本十三弦筝、尺八曲《参禅与其他喜悦之乐》（Music for Zen Meditation and Other Joys）；

- R. 卡洛斯·纳卡利（R. Carlos Nakai）演奏的美洲原住民长笛曲《峡谷三部曲》（Canyon Trilogy: Native American Flute Music）；
- 拉迪卡·米勒（Radhika Miller）演奏的长笛曲《阳光幻想曲》（Sunlit Reverie: Flute Music）。

活动

1. 把绘画材料放在美术纸旁边。

2. 弄湿纸巾的一角，轻轻擦拭纸面。然后用非惯用手开始在略微潮湿的纸上画出表达平和、宁静、满足的情绪（如图 4–17 所示）。如果这些词不适合你现在的情绪，到情绪目录中找到适合的情绪。在画的时候，思考这个词。

3. 探索表达流动的性质，让它带你去它想去的地方。放下成见，在画画时让音乐流淌。

4. 用两只手创作另一幅画。这次不要弄湿纸。两只手都拿画笔，左右开弓，同时画。如果你只有一支画笔，那么用惯用手拿画笔，非惯用手拿粉笔或油画棒。两只手一起画，把它看作和你自己跳舞。

5. 安静地坐着，观察画完之后的感受。过程是怎样的？现在你有什么感觉？用你的非惯用手在日记本上写出你的感受。

图 4–17 我画的一幅表达平和的画

拥抱快乐：欢欣、热情和创意

为什么我们要努力实现目标？我们为什么追求自己的心愿？为什么要度假？因为我们想感受快乐。例如，娱乐和休闲是一个很大的产业，游轮、周末景点套票和日间水疗都会让我们有焕然一新的感觉。日常工作、家务、职责单调乏味，很容易让我们失去孩子般的热情。就像艺术表达本身，快乐是我们与生俱来的权利，但我们渐渐失去了它。在成长过程中，快乐之光变得越来越暗。当罗伯托·贝尼尼（Roberto Benigni）因为电影《美丽人生》（Life Is Beautiful）而获得奥斯卡奖时，全世界的人吃惊地看着这个像孩子一样的男人跳过剧院的椅子，登上舞台领奖。这是从明星云集的、散发着厌倦气息的观众席中冲出的一股爱、热情和欢欣。好莱坞从来没有见识过这类事情。他强烈的快乐让人们有些惊慌失措。

如果你想看一部充满快乐、热情和创意的电影，可以租汤姆·汉克斯（Tom Hanks）主演的《飞进未来》（Big）。一个名叫乔什的小男孩梦想成真，突然长成了大人。成年人的生活突然扑面而来，但他内心依然是个孩子。影片中有一些场景会引出每个人内心的孩子。准备好大笑、哭泣和嬉闹吧。如果你看过这部电影，建议你再看一遍，第一次看会遗漏很多细节。

活动

本章前面提到的各种媒介都适用于表达这些情绪。你需要做的是用快乐、欢欣、热情、创意或其他你喜欢的词来替代活动的主题。

这些情绪也是制作关于人生梦想的照片拼贴画的好主题。运用你的想象，在拼贴画海报上创作出你的心愿，把它作为指引你人生的昏星。这让你在视觉上更加肯定自己想要的人生体验。对于如何创造你想要的生活，详见我的书《呈现梦想：设计梦想人生的十个步骤》(*Visioning: Ten Steps to Designing the Life of Your Dreams*)。

梦想的碎片

材料

- 美术纸；
- 拼贴材料；
- 杂志；
- 日记本；
- 毡头笔；
- 录好的音乐：唐·坎贝尔编辑的《莫扎特效应》音乐专辑的《第三辑》、《释放创新精神》(*Unlock the Creative Spirit*)，或者杰西·艾伦·库珀的《情感之声》，或者你自己选的音乐。

活动

1. 把绘画材料放在美术纸旁边。
2. 找到一个描述以上情绪之一的词，如欢欣、快乐和热情，创作一幅表达你的主题情绪的拼贴画。
3. 安静地坐着，看你完成的拼贴画。这个过程是什么样的？你现在感觉如何？

尝试柔情：爱

爱是我们最渴望的东西，努力重获爱，我们把生命中的很多时间花在创造爱上。如果我们觉得没有爱，就应该把爱作为冥想的主题。想一想我们爱别人或被人爱的时刻，这能让我们对爱敞开心扉。爱是我们生命中充满活力的元素。通过艺术表达爱和柔情是拥有这些情绪的好方法。不要认为自己的是空的，而拼命地从外人那里获得被爱的感觉，我们应该求诸内在，会发现爱总在那里。

我知道一些学生和来访者第一次思考爱是怎样的感觉时就产生了对彼此的爱。他们采用的是艺术手段，尤其是制作拼贴画和写日记。通过激活内在的这些情感，他们吸引了有相同波长的人。

在你看来，爱是什么样的？什么是充满爱的关系？你的生活会有什么不同？用艺术描绘你对爱的想象。图 4-18 是我画的一幅表达爱的画。

图 4-18 我画的一幅表达爱的画

活动

本章中所有的形式和材料都适合表达爱。把原来活动的主题换成爱、滋养、信任、温柔、喜爱等你觉得适合你的词就可以。图 4-19 是我画的一幅表达自由的画。

图 4-19　我画的一幅表达自由的画

The Art of
Emotional Healing

第 5 章

雕塑情绪的形状

黏土是对人生的绝佳比喻

在本章中,我们将通过黏土这一雕塑材料来三维地探索如何表达情绪。每个人都可以拓展能力,将内在不可见的情感世界变成外在可见的。英国诗人杰拉尔德·曼利·霍普金斯(Gerard Manley Hopkins)用"内部景象"这个词来描述对不可见情感的揭示。艺术家感觉到了强烈的情绪,通过将它转化为物质形式来展示这种体验的力量,在表达艺术中,我们会做同样的事情。例如,在视觉艺术和雕塑中,我们对实物进行操作,把我们的情绪转移到材料中,我们对它们进行反复塑造,直到外化了我们内心的感受。是的,你会看到一件艺术作品,但也有创作它的过程,这个过程就像一种舞蹈。通过每一个身体动作,我们还展现了自己的情绪。

就像我们在二维艺术中看到的,某些情绪想通过能传递情绪的特性的姿势和动作来表达。这不是什么新事物,我们每天都在这样做。愤怒或沮丧的人会把拳头重重地砸在桌子上。受到惊吓或心理受到创伤的女人会蜷缩着坐着,胳膊和手紧紧抱在一起,好像在保护着她的心脏和重要器官。我们将这些动作称为身体语言,即通过姿势和动作表达情绪的无意识的舞蹈。

在前两章，你看到了如何通过在纸上创作艺术作品来释放情绪。同样重要的是，你了解了艺术创作与身体之间的联系。在纸上创作时的每个动作都需要一系列骨骼、肌肉和神经的运动，还需要我们的心灵、头脑和本能参与进来。

就像情绪要和形式、材料相匹配一样，动作也要和情绪相匹配。这并不是说人们在创作表达艺术时要特别留意自己的动作。大多数时候，就像在日常生活中一样，动作就那样发生了。它们需要的是释放情绪的副产品。愤怒的人不用想就会皱起眉头，他的脸会自动出现那样的表情。微笑也是如此。当情绪性能量动起来时，它会跳自己的舞蹈。

在创作艺术的过程中，我们有时会意识到自己所做的动作。一位参加我的工作坊的女士大笑起来，她用短粗的幼儿蜡笔在纸上涂鸦，或把A4白纸撕出一个洞。当这位通常沉默寡言的女士把她的怨恨宣泄到纸上时，她说道："哇，用力按压蜡笔的感觉真爽，让我觉得充满了力量！"过了一会儿，她又用吃惊的语调补充道："我肩膀上的紧绷感消失了！我原来一定很气愤，"她笑着说道，"但我想我已经把愤怒扔到纸上了。"

后来，这位女士告诉我她是个多余的孩子。她妈妈未婚先孕，她爸爸听说她妈妈怀孕后就抛弃了她妈妈。她妈妈试图流产，但失败了。后来在她的童年中，她的妈妈就不断地在精神和肉体上虐待她。结果这个女孩长大成人后不敢发表自己的看法，不能充分施展自己的才华。一开始她为自己的出生感到抱歉，她成了受人冷落的局外人，只有隐身在场景之中，她才觉得安全，不会受到伤害。涂鸦为她提供了一种富有创意的出口，通过这个出口她可以表达真实的自我。后来她又用黏土进行创作，运用本章提供的活动，她彻底改变了自己的生活。她在家里开设了工作室，继续用黏土雕塑，释放愤怒、恐惧、悲伤，当然也有玩闹和创意。她甚至报名参加了舞蹈课，这是她之前一直不敢做的事情。一年后，她变得生机勃勃、神采焕发，和最初走进工作坊时那个害羞、恐惧的女人判若两人。

在将某种形式、材料与情绪相匹配时，我们想把整个自我都融入表达行为中。论及视觉艺术和雕塑艺术，可能没有比黏土更需要全身投入的材料了。你可以用非常粗野的方式来对待湿滑、厚重的黏土，这正是这种物质的性质。黏土适合我们揉捏、操纵和享受它。

在观察纵情揉捏黏土的来访者和学生时，我经常思考吸引人们对黏土如此投入的是什么。几乎毫无例外，他们忘记了自己的忧虑，在把自己的情感投入这种最原始的材料的过程中，他们变得沉默、不言不语。当准备工作开始时，一种几乎神圣的崇敬氛围会笼罩着房间。逐渐了解黏土对很多人来说是一种非常亲密的体验，因为他们发现黏土非常有容受性，非常可塑，非常有趣。有些人甚至会哭泣起来，就好像在回归家园。或者我们正表现出荣格所说的集体无意识，回归远古的洞穴居住地，回归最早的地下艺术工作室。

在完成对黏土最初的体验后，我们开始采取行动。黏土的一个特点是你可以对它做很多事情，你可以拉拽它、按压它、滚动它、挤压它、猛击它、拍打它、捏它、敲它、撕扯它、切割它、抓挠它。你可以刺它、戳它，把它压紧，把它弄平，让它变得中空，把它卷起来。你还可以爱抚它、轻拍它、揉捏它，可以在黏土上穿个洞，用它建造东西。黏土能被做成巨大厚重的作品，也可以轻松地被做成壁很薄的轮廓。你可以向黏土宣泄你的愤怒，也可以用黏土做成围墙和堡垒。这种材料还适合表达柔情、性感和情欲。让你的双手自由地发挥，你会对自己、对这种材料有很多发现。

准备黏土，让自己做好准备

在直接用黏土探索情绪之前，把材料准备好并让自己做好准备很重要。我会通过感官觉知冥想帮助你理解黏土的精神和它独特的性质。记住，每一块黏土都有自己独特的性质。为了了解某一块黏土，此时你需要停留一下，用心去体验，我把它称为黏土冥想。如果冥想可以让你纷乱的头脑安静下来感受当下的话，那么黏土就是让你达到这种状态的绝好材料。它吸引了你的注意力。

找个适合操作黏土的地方，比如厨房、车库的工作间或其他适合脏乱活动的房间。以下场所是我给出的建议：

- 厨房的台面；
- 后阳台上的桌子或办公桌；
- 车库里的台面或娱乐室；
- 工作室。

在开始之前，我希望你思考 M. C. 理查兹（M. C. Richards）的经典著作《以陶艺、诗歌和人物为中心》（*Centering: In Pottery, Poetry, and the Person*）中的话，把它们作为祷告词或祈祷词来读，让你的创意自我给予你"让事物顺其自然的大度、逐渐了解它的耐心、对所有生命体中蕴含的秘密的感知，以及新鲜体验的快乐"。

黏土冥想

材料

- 灰色或红色的陶土[①]；
- 工作台，比如木板或梅森奈特纤维板（光滑的一面向上），也可以用塑料布盖在桌面上或者用非常厚的瓦楞纸板；
- 在工作台旁边放一碗温水，用来湿润你的手，还需要用于清洁的纸巾、垃圾桶或旧抹布；
- 衣服外面穿上工作服、旧衬衫或围裙来防止弄脏衣服；
- 用大的塑料密封容器（如放在冰箱里的食物保鲜盒）存放用过的黏土，以备之后再用。

活动

1. 了解黏土。舒服地站在或坐在黏土前面，将黏土放在工作台表面的中心，把双手放在黏土上，什么都不要做。放松，关注呼吸。呼吸要平稳缓慢。想象大海的潮汐，保持平稳的节奏。吸气时，想象大地的能量通过脚底上升，充满你的身体和头脑；呼气时，让任何紧张和压力都落入大地中。

2. 现在把双手浸入工作区旁边的温水碗里，停留一会儿，享受温暖的感觉。然后拿起眼前那块黏土，注意黏土的重量、气味、干湿度、质地。

3. 再次把黏土放在工作台表面上，闭上眼睛。你潮湿的手慢慢在黏土表面移动，感受它在目前状态时的形态。只是去了解它，不要试图塑形或改变它。

[①] 选择不需要烧窑的自硬陶土。你可以在艺术用品商店里用很便宜的价格买到11.35千克重的长方形陶土块，用密封塑料袋装着。黏土块类似一大条面包。用一截粗线或金属丝从大块黏土上切下来大约拇指长度的一厚片。每一块看起来都像一大片面包。

接受它现在的样子,用你的手和手指轻触黏土的整个表面,感受它。感知光滑的和粗糙的地方,感知黏土不同部分的干湿、冷暖,感知它的轮廓、凸起和凹陷。如果黏土变干了,把手再浸湿,继续感知黏土。不要睁开眼睛。注意各个部分的轮廓和质地。这个步骤你想持续多长时间都可以。当你觉得完成了,就进行下一步。

4. 活跃地探索黏土。你的手是活跃的作用者,黏土是被动和接受性的。再次闭上眼睛。把手指按入黏土,你想怎么做都可以。黏土是硬还是软?是僵硬的还是柔韧的?你的手想敲打它、压平它、抓握它还是刺戳它?你的手想要爱抚它或捧着它吗?你的手想挤、捏或把黏土撕成碎片吗?你的手想塑造它,在黏土上挖洞或用黏土做东西吗?让你的手以它们喜欢的任何方式和黏土进行互动。做这件事没有对错之分。你的双手会知道黏土在召唤它们做什么。跟随你的直觉,让你的双手来主导(如图 5-1 所示)。这一环节想做多久都可以,只要你愿意,但始终要闭着眼睛。

5. 创造自我。双手开始塑造黏土,反复对自己说:"这块黏土就是我,我在创造我自己。我始终如一,但也在不断变化。"你依然闭着眼睛,双手依然引导着你。不要去想象黏土看起来是什么样。让你的双手完成所有的工作。唯一需要考虑的事情是,你的手是否对塑造出来的形状满

图 5-1 了解黏土
(闭着眼睛操作黏土的人)

意。想做多长时间就做多长时间，要一直闭着眼睛。

6. 当你觉得做完了，停下来，睁开眼睛看你做了什么。从各个角度看你完成的黏土作品：

- 你看到了什么？雕塑这块黏土是什么感觉？
- 是否引发了什么情绪？或者回忆？或者和其他经历有关的联想？
- 是否出现了对你的艺术能力或其他能力的自我批评？
- 你对从黏土中引发的东西有什么感想？

最后，用手指触摸已完成作品的各个部分，不要去改变它。看着它，同时感知它。

注意：有时人们创作的作品确实值得思考或写一写，从中获得更多的个人成长。如果你的作品就是这样，那么就把成品拿到太阳下面或者让它风干，在室温下变硬。是否保存你在本章中完成的黏土作品完全取决于你。不一定要保存它们，因为过程最重要。

7. 如果你不打算保留你的作品，那么把它收集在一起，揉成一个球。如果你暂时不再从事这项活动，把黏土球放进密封容器，以备下次使用。如果你想继续，可以用这块黏土进行下一项活动。

在纵情揉捏黏土中体验人生百态

黏土是对人生的绝佳比喻。只要我们对它做些什么，它就会发生改变。一开始它硬硬的，不容易弯折，很难塑形。当我们操作它时，它会变软，变得柔韧，有可塑性，变得容易改变了。

所有的部分汇集在一起，构成一个整体。形状看起来都一样（圆形的、有接纳性或封闭的），但其中存在着多样性。有些想凝聚成块，有些想分开；有的摸起来柔韧，有流动性；有的又粘又硬。它们似乎是构成整体的很多独立的部分，整体是复杂的。但是无论是开放的、封闭的、坚硬的、还是柔软的，都是我和我所创造的生活的重要组成部分。

完成作品后，我开始睁着眼睛感受它。我没有改变它，只是用双眼看，同时用双手触摸。我闭着眼睛创作它时会想象它的样子，然后睁着眼睛看它。一边触摸它一边看它是非常不同的感受。我注意到有些部分会吸引我的手去触摸它们。

热情绪：愤怒、性欲和激情

通过对黏土可以做的一系列动作，我们可以清楚地看到这种材料可以表达什么情绪。当想到挤压、敲击、拍打、撕扯、刺戳、又拧又捏等词语时，你的脑海里可能会出现一个人在表达愤怒的画面。想到爱抚、轻拍、揉捏等词语会让人想到爱和滋养：做爱，表达对人或宠物的爱，给别人做面包吃。

我们会从愤怒、性欲和爱开始。我把它们归入了热情绪这个类别中。它们通常和充沛的精力有关，在绘画中通常会使用温暖或热烈的色彩，如红色、深红色、橙色、亮粉色或紫色。脸红脖子粗表示人在生气；在欲火焚身时，我们的脸会变红。爱和热情绝对不是冷的，情绪之火让它们充满生气，我们的情感为这把火提供了燃料。

玩土

现在你将学习通过这种材料来驾驭这些强烈的情绪的力量。在操作黏土时，你会回忆起童年早期的事情——你用泥巴做馅饼，在地上挖土、玩土。你可能还会回忆起你想用狂暴的方式宣泄愤怒和沮丧，但没有安全的地方这样做的时候。现在你可以这样做了。

> **警告**：如果你童年时受过虐待，这项活动可能会勾起你痛苦的记忆。如果你在情感上无法承受它们，我建议你寻求专业的帮助。在继续自己应对这些热情绪之前，你需要咨询一下如何处理充满情绪的往日创伤。

以下活动为你提供了安全地接纳并释放这些热情绪的工具。这些强烈的热情绪不会让你失控，现在你可以控制它们。我们说我们有某种情绪，我们和情绪的关系就应该是这样：我们控制情绪，而不是让情绪控制我们。成为驾驭原始情绪这匹烈马的骑手，而不是一骑上去就被摔到地上。在用黏土表达你的愤怒时，你可以使这种强烈的、通常令人恐惧的情绪转化为黏土作品的形式，转化为随之出现的其他情绪。例如，如果你的愤怒能够被释放出来，它会转化为平和或自由感。因此，你可以投入地享受充满激情的生活，允许自己感受到任何情绪。

很多人问我，为什么用黏土而不用球棒、网球拍或吊袋来释放愤怒呢？因为在你尖叫、击打，并用这些东西释放了你的愤怒后，接下来就没有媒介物来承载愤怒了；相反，黏土可以承载你的任何情绪，它是完全中性的材料。一开始你可以愤怒地猛击黏土，最后会感到悲伤，做出一个充满感情的雕塑，向孤独或丧失表示敬意。你不妨尝试用吊袋或网球拍来这样做一下。

情绪常常就像俄罗斯套娃。一个娃娃里面有另一个娃娃，另一个娃娃里面还有娃娃。当你允许情绪顺其自然时，它们会随时变化。黏土就像一面镜子，能照出你内在的情绪，它可以像你的情绪一样不断变化。

情绪的形状

材料

- 灰色或红色的陶土;
- 工作台,比如木板或梅森奈特纤维板(光滑的一面向上),也可以用塑料布盖在桌面上或者用非常厚的瓦楞纸板;
- 在工作台旁边放一碗温水,用来湿润你的手,还需要用于清洁的纸巾、垃圾桶或旧抹布;
- 衣服外面穿上工作服、旧衬衫或围裙来防止弄脏衣服;
- 用大的塑料密封容器(如放在冰箱里的食物保鲜盒)存放用过的黏土,以备之后再用。

活动

1. 正如你在之前活动中做的那样,舒服地站在或坐在黏土前面,将黏土放在工作台表面的中心,把双手放在黏土上,闭着眼睛。有节奏地呼吸,让自己放松,并关注呼吸。吸气时,想象大地的能量通过脚底上升,充满你的身体和头脑;呼气时,让任何紧张和压力都落入大地中。

2. 闭着眼睛,思考愤怒的情绪。回忆上一次感到愤怒时的情形。你也许现在就为生活中的某些事情而感到愤怒。什么情况引发了这种情绪?身体的哪个部位感受到了这种情绪?那个部位有什么感觉?有什么词能够很好地描述这种愤怒吗?比如"气疯了""暴怒"或"狂怒"?

3. 睁开眼睛,如果需要,你可以弄湿双手。然后开始操作黏土,让你的手表达愤怒。让这种情绪从你身体里流出,流入黏土里。使用能够表达这种情绪的手势和动作，你想对黏土做什么都可以。你不会伤害它，你可以用手指、手掌、手背、拳头真正去感受这种情绪，释放它们（如图5-2所示）。记住，黏土能承受住它。只要需要，你可以继续这个步骤，直到你感到满意，情绪被彻底释放了出去。

4. 闭上眼睛，你的手想把黏土做成什么形状就做成什么形状。让依然存在的任何情绪都转移到黏土中。过一会儿睁开眼睛，继续操作黏土，直到你觉得完成了。

图 5-2 释放愤怒

5. 看着并感知你完成的作品。思考你操作黏土的过程，以及你对最终作品的感想：

- 在第3步中，你是否感到了放松？
- 表达这种情绪是令人舒服的还是令人不适的？
- 你喜欢这项活动的哪些方面？不喜欢哪些方面？
- 你是否对自己有了一些观察和发现，你是如何处理这些情绪的？
- 是否出现了其他情绪？
- 你对最终作品有什么感想？它让你明白了什么？

6. 把黏土收起来，揉成一个球，放进密封的容器里。

评论

这个活动让我回想起来的情况是电话公司没有按承诺开通我的电话。他们非常不合作，甚至很粗鲁。由于我需要接听来访者的电话，所以这已经不是不方便那么简单了。他们的做法让我蒙受了损失。

我注意到愤怒影响了我的整个身体。它从心口这个部位开始，然后扩散到全身。我浑身发热，两腿紧绷。

最终作品表达了我将愤怒释放到黏土中之后的彻底放松感。我喜欢操作黏土，我喜欢看我的最终作品。

其他应用

你可以用以上的活动探索任何你想探索的情绪。思考这种情绪，然后找到表达这种情绪的动作和手势。

表达了目前的情绪之后，你还可以培养你想要和需要的情绪及特性。用黏土锻炼新的情绪肌肉。

性欲与感官享受

正如前文中提到的，性欲是一种热情绪。如果否认或贬低它，性欲就会找我们的麻烦。它会变得势不可挡，让我们害怕，或者转化为痴迷。研究显示，性成瘾者和厌恶性的人常常来自性被否认、性是禁忌或者性失控的家庭（如乱伦、暴露癖、乱交、外遇等）。在美国，人们对性的态度很矛盾。清教徒的传统和20世纪六七十年代的性解放形成了奇怪的组合。人们的传统价值观所宣扬的不同于媒体所宣扬的。美国文化中最重要的偶像通常没有树立健康的榜样。媒体经常报道某些权威人物被发现有不轨行为：

- 一位在电视上布道的牧师经常嫖妓；
- 神学院的官员浏览色情网站；
- 牧师对儿童进行性骚扰；
- 女性治疗师和来访者发生性关系；
- 前总统卷入了惊人的性丑闻。

让问题更加复杂的是，我们将性欲和感官享受区分开，把亲密的感情和愉悦割裂开。我们被搞糊涂了。每天的电视节目都证明性和暴力已经渗透到了我们的社会中，其程度连法国作家萨德侯爵（Marquis de Sade）都会感到震惊。萨德主义，即性虐待，就是以他的名字命名的。作为一名治疗师，我看到了这种围绕着性、爱、亲密和愉悦的不健康的氛围所产生的影响。治疗在性方面迷失的个人或夫妻最有效的材料之一就是黏土，因为黏土非常适合表达性欲和感官享受。"爱抚""按摩"和"轻抚"等词可以被用来描述人们操作黏土时的手势。

很显然，我们从前面的练习中可以看到，黏土是练习感官感知的好材料。因此，它是进行性治疗的合适媒介。并非巧合的是，性治疗的开创者马斯特斯（Masters）和约翰逊（Johnson）以及其他在20世纪70年代发展出性功能障碍疗法的临床治疗师，采用了性感集中训练，比如互相爱抚脸以及脚部按摩，目的是激活已经麻木了的身体感觉和情感反应。

在我的治疗实践中，女性来访者在得知不只是她们想得到感官愉悦时，通常会觉得很宽慰——按摩、爱抚和情趣游戏是做爱的一部分。没有这些，做爱是不完整的，是令人不满意的。对治疗性功能障碍（如阳痿、早泄、性成瘾）的男性来说，为了双方的愉悦而探索感官享受似乎更困难。他们的性行为笼罩着焦虑的阴影、对性能力的焦虑。我能勃起吗？勃起能持久吗？我能让她开心吗？脑子里想着这些问题，他们怎么可能在状态？

作为一名艺术治疗师，我很早就认识到如果你想让某人在状态、活在当下，黏土几乎就是功效的保证。这是我所知的最不用动脑子的媒介。它将人们带回幼儿园和更早的时候，回归土地，回归他们最深层的情感和最自然的直觉。在接下来的活动中，你将探索你对身体、对感觉的态度，以及对性感受的态度。

警告：如果你在童年时受过性虐待，或者在成年后受过性侵犯，这个活动可能会引起过于强烈的情绪反应。如果你还没有因为这些创伤寻求过专业帮助，我建议你在尝试这个活动之前先进行咨询。不要尝试自己进行治疗。如果你已经接受过治疗或者正在治疗中，在进行这项活动时要小心。如果活动引发的情绪让你无法承受，那就停下来，寻求治疗师的帮助。

身体自我

你和他人的关系始于你和自己的关系，因此要从你自己的身体开始。你对自己的身体有什么感受？你在做你自己，还是在假装其他人？你接受身体本来的样子并爱着它吗？感官享受开始并结束于同一个地方：你的身心。你有多享受上帝给予的感官——听、看、尝、触、闻，它们给性亲密带来了活力和激情。

在接下来的活动中，你将从探索你对自己的身体的情感开始。首先把这些情感反映到黏土上，理想的情况是，学会接纳这个精神的庙宇，接纳你被给予的人类身体。

接纳自己

材料

- 灰色或红色的陶土；
- 工作台，比如木板或梅森奈特纤维板（光滑的一面向上），也可以用塑料布盖在桌面上或者用非常厚的瓦楞纸板；
- 在工作台旁边放一碗温水，用来湿润你的手，还需要用于清洁的纸巾、垃圾桶或旧抹布；
- 衣服外面穿上工作服、旧衬衫或围裙来防止弄脏衣服；
- 用大的塑料密封容器（如放在冰箱里的食物保鲜盒）存放用过的黏土，以备之后再用；
- 日记本和笔。

活动

1. 把手放在黏土上，闭上眼睛。放松，通过脚吸入大地的能量，呼气时释放出紧张和压力。睁开眼睛，如果需要，可以在温水中弄湿双手。操作黏土，直到黏土变得温暖柔软。

2. 闭上眼睛，用黏土做出一个能表达你对身体的感受的形状。不要太多思考，让你的手来完成所有工作。它们知道你的感受，会反映出你内心的身体意象。黏土的大小感觉合适吗？你需要增加黏土还是减少黏土？根据你的需要进行调整。你的黏土作品可能像人，也可能不像人。它可能看起来像个动物，像树，或者像其他视觉比喻或象征。它可能具有抽象的形状。顺其自然。

3. 当你觉得完成了，做一个慢慢的深呼吸。然后睁开眼睛，看着你做出来的东西，从各个角度观察。

- 你怎么看待它？
- 它是否反映了你对自己身体的感受？是以什么样的方式来反映的？
- 你喜欢它的什么？是否有你不喜欢的地方？
- 在制作黏土作品时，你对这个过程是否有什么评论？

4. 把你的雕塑放到一边，或者重新利用同一块黏土，把它揉成球。在日记本上写一写你的感受。

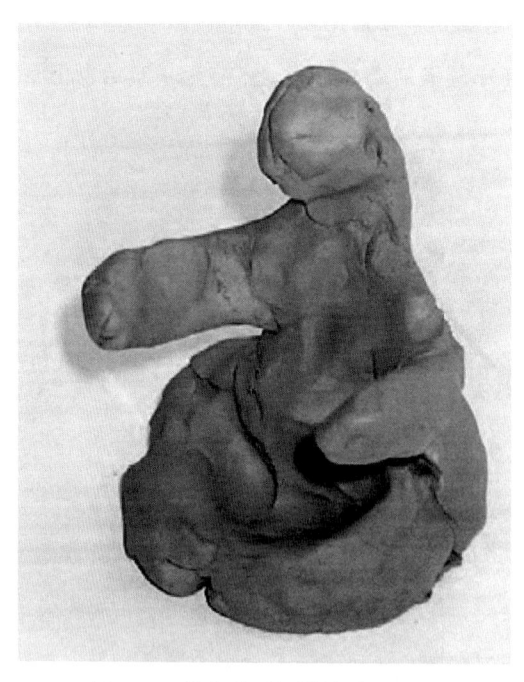

图 5-3　让我感到舒服的黏土作品

例子

图 5-3 这个作品代表了我对自己身体的感受，它让我感到舒服。看到它我马上想到了"和谐"这个词。我喜欢它所传递的开放、欢迎、接纳、柔软和温暖的感觉。

在做它的时候，一开始我对做什么有一点想法，后来我赶走了这些想法，让手随意创作它觉得对的东西，整个过程变得像冥想一样。我的手显然知道如何表达内在的感觉。之后我知道我的手和黏土之间存在某种联结，由此产生了信任感。无论最终作品是什么，它都是真实的。

在下面这个两部分的活动中，你将探索感觉自我，还将探索你在情感和身体上亲近他人的能力。想一想《天使之城》中变成了人类的天使赛斯。他说只要能闻一闻她的秀发，和她接吻一次，他还是会选择做人。苏菲派称之为做人的特权，有福气懂得爱、享受爱。

和另一个在一起：感官享受

材料

- 灰色或红色的陶土；
- 工作台，比如木板或梅森奈特纤维板（光滑的一面向上），也可以用塑料布盖在桌面上或者用非常厚的瓦楞纸板；
- 在工作台旁边放一碗温水，用来湿润你的手，还需要用于清洁的纸巾、垃圾桶或旧抹布；
- 衣服外面穿上工作服、旧衬衫或围裙来防止弄脏衣服；
- 用大的塑料密封容器（如放在冰箱里的食物保鲜盒）存放用过的黏土，以备之后再用；
- 日记本和笔。

活动

1. 如果需要，可以在温水中弄湿双手。操作黏土，直到黏土变得温暖柔软。

2. 想想那些让你的感官得到了最大满足的经历。你当时是身处大自然中吗？在享用一顿美餐吗？在爱抚你的情人吗？在洗芳香的热水澡吗？还是在跳舞？闭上眼睛，让令人满足的感官感受流入黏土。轻抚、按摩、滚动、爱抚、轻柔地塑形，运用能表达感官享受的手势和动作。让你的情绪转移到柔软、具有接纳性的黏土中。允许它具有任何形状，只要能表达感官享受。这个步骤你想持续多长时间就持续多长时间，直到你觉得自己表达完了。

3. 做个轻松的深呼吸，睁开眼睛。看着你创作的作品，从上面看，从各个角度看。在看的时候用手指感觉你的最终作品，但不要改变它。

4. 反思你的创作经历和完成品。

- 表达感官享受是令人舒服的，还是令人不适的？
- 你喜欢它的什么？不喜欢什么？
- 伴随着感官享受是否产生了其他情绪？
- 你对最终作品有什么感想？它让你明白了什么？

和另一个在一起：性欲

材料

- 灰色或红色的陶土；
- 工作台，比如木板或梅森奈特纤维板（光滑的一面向上），也可以用塑料布盖在桌面上或者用非常厚的瓦楞纸板；
- 在工作台旁边放一碗温水，用来湿润你的手，还需要用于清洁的纸巾、垃圾桶或旧抹布；
- 衣服外面穿上工作服、旧衬衫或围裙来防止弄脏衣服；
- 用大的塑料密封容器（如放在冰箱里的食物保鲜盒）存放用过的黏土，

以备之后再用；
- 日记本和笔。

活动

1. 把黏土揉成球，重新开始。操作一会儿黏土。这次你的主题是性欲。

2. 想想你曾经有过的那些最令人愉悦的性体验。在什么地方？你和谁在一起？闭上眼睛，让性爱的感觉流入黏土中。使用能表达性欲的手势和动作，让你的情绪转移到柔软、具有接纳性的黏土中。只要能表达出性欲，把黏土塑造成什么样都可以。你想做多长时间都可以，直到你觉得完成了。

3. 完成后，从各个角度看你的雕塑。在看的时候用手指感知你的作品，但不要改变它。

- 你看到了什么？
- 你对它有什么感想？

4. 擦干净手，用非惯用手写一写你对这项活动两个部分的感受。你可以把第一部分第4步的问题和第二部分第3步的问题作为出发点来写。

例子

我觉得自己可以坦然地表达性欲。我喜欢创作这种情绪和体验的塑像。感受身体里的性欲，把它做成有形、可见的样子让我觉得很平和。当我看着它时，我的第一反应是吃惊。我完全不知道它会是什么样子。我沉浸在触觉中，沉浸在我所思考并通过黏土表达的性感体验中。

失去亲人的感觉：悲痛、伤心、孤独

黏土常常能引发深层的悲伤。很多来访者和工作坊的参与者在操作黏土时，都会被涌出的大量悲痛吓到。把手伸进这种原始的材料中，不知怎么就释放出了他们不曾意识到的情绪。玛莎参加了一期工作坊，她抚养着两个收养的儿子和第二任丈夫的两个孩子。

在参加为期一周的内在小孩密集工作坊时，玛莎做了黏土冥想。在进行"情绪的形状"这个活动时，大多数人在释放愤怒。房间里充满了活力，时不时发出一些笑声，显然大家很享受这个活动。相比起来，玛莎似乎很忧郁。从她的面孔和身体语言中我可以看出，她感到了深深的悲伤。她拿起一块黏土，把它做成了人形，后来她告诉我，那是一个娃娃。娃娃躺着，两腿分开。然后，她用黏土搓成一根长条，做成蛇的样子，把蛇的一端放在娃娃两腿之间。后来她告诉我，她脑子里立即出现了批评、分析的声音，问她为什么要做这些东西。但是她继续听从我的指导，允许双手继续创作。接下来，她用手把蛇盘成了一个巨大的心形，并且把它放到了娃娃的胃部。

工作坊也包括创意日记，所以玛莎后来写出了她的评论。从一开始写，她就哭了起来。这个活动勾起了玛莎痛苦的回忆。在来工作坊的前一年，她接受了子宫切除术。娃娃肚子上长条黏土盘成的心形看起来就像脐带，让她想到了她从没生过，也永远不会生的孩子。让她悲痛的不是失去了子宫，而是失去了母亲的身份。这是迟到了很久的眼泪。

> 重复"情绪的形状"的活动，从步骤1到步骤6。这次不要把愤怒作为你的主题，而是思考悲伤、痛苦、孤独或其他与这些词相关的情绪。

> **其他应用**
>
> - 如果你感到脆弱,需要保护(并且用黏土表达了这些情绪),在进行到"情绪的形状"的第 5 步时,那就做一个体现保护情感的黏土作品。一位女士塑造了一个得到成年人安慰的孩子。一位男士做了一个抽象的形状,被类似贝壳一样的东西保护着。另一位男士做了一个中空的蛋,他小小的、脆弱的自我被保护在里面。
> - 如果你感到害怕或胆怯,想培养勇气,可以做一个代表勇气的黏土作品。把你的雕塑拿到太阳下面,让它变硬,然后放在你经常能看到的地方,把它作为图腾。看着它会让你增加勇气。如果你能用黏土表达勇气,就能在日常生活中表达它。

在日记本中写出你对黏土活动的感受。是否有什么象征出现在你的日常生活中?黏土创作的经历是否蔓延到了日常生活、知觉、洞察、行为和自我意象中?

手常常知道如何解开头脑解不开的谜题。

卡尔·荣格(Carl Jung)

The Art of
Emotional Healing

第 6 章

倾听情绪的声音

第二部分　用艺术疗愈情绪

你已经看到情绪如何通过材料把自己的颜色、形状、线条和纹理展现出来，你也通过黏土触摸到了自己的情绪。现在，我们将探索一种新材料——声音和音乐，就像围绕着我们的听觉振动漩涡汤。本章会带着你倾听情绪的声音，进一步探索感官。为了能真正听到我们的情绪和最由衷的自己，我们会进行创意倾听、声音制造、演奏音乐，其中一些活动涉及用绘画表达音乐。

声音对情绪与健康的影响

声音和音乐对情绪的影响显而易见：摇篮曲可以安抚宝宝入睡，舞曲让人想动起来，小夜曲使人产生浪漫的情怀。背景声音也会引发情绪：手提钻的声音让我们烦躁不安，警报声让我们警觉，潺潺的溪水声让我们感到放松。读一读下面熟悉的声音，当你想象听到每一种声音时，留意你的身体和情绪反应。

- 风吹过树枝的声音；
- 钉子被敲进木头的声音；
- 鸟鸣；
- 来传真时很响的蜂鸣声；
- 汽车马达发出的声音；

- 汽车急刹车时发出的尖锐声音；
- 雨敲打屋顶或窗户的声音；
- 救护车的警报声；
- 潮起潮落的声音。

是不是想到其中一些声音，你的身体就不由自主地收缩？哪些声音令人放松？是否有些声音会引发恐惧、愤怒、烦躁、悲伤？是否有些声音会引起快乐、爱或平和的情绪？在想到这些声音时，你的脑海里是否出现了一些画面？

声音就像环境

我们始终沉浸在声音中，它们无处不在。声音的振动渗透在我们每一个毛孔中。我们不只是在用耳朵听，而是在用整个身体听。戏剧和电影《失宠于上帝的孩子们》(*Children of a Lesser God*)就表现了这一点，它讲述了失聪的孩子通过物体振动来听声音的感人故事。他们用手和身体感受声音的振动，通过共振来跳舞唱歌。

我们来自声音环境。托马斯·沃尼（Thomas Verny）在《未出世胎儿的秘密生活》(*The Secret Life of the Unborn Child*)一书中探讨了胎儿在发育时周围的声音。子宫不是一间寂静的小屋。胎儿会对妈妈的心跳做出反应，他们从 24 周开始就会主动倾听了。研究显示，婴儿在出生之后就能够分辨出妈妈的声音，还会对他在胎儿时期所听到过的音乐做出反应。

声音有助于我们的情绪和身体健康，但也会造成压力。20 世纪 70 年代，研究显示摇滚乐对植物具有破坏性，而巴洛克音乐能够促进植物生长。对声音的反应是个人化的事情，就像音乐品味。如果我们认为声音是引起混乱的，就会视其为噪音。一个人觉得悦耳的声音可能会引起另一个人的厌烦。"关小点声，"父亲对青春期的儿子叫喊，"你把这称为音乐？"

经过一些研究，我们的社会正式承认某些噪音和声级会损害我们的健康。我们创造出噪声污染这种说法，对公共场所的声音制定规范，尤其是在城市和工厂，因为这些地方在使用声音越来越响的仪器和设备。一些社区禁止使用吹叶机，因为它们会制造吵闹的噪音。研究显示，经常听声音巨大的音乐会损害听力。

音乐才是疗愈情绪的良药

在所有环境声音中，我们称之为音乐的属于很特殊的一类。古往今来，音乐被广泛用于表达情绪，影响他人的情绪。音乐（自己或别人创作的）是宣泄情绪的有效途径。随着情绪浮出表面，我们可以更充分地感受它们、接纳它们。一位名叫罗布的中年商务人士给我讲述了他汽车收音机中的音乐如何治愈了他深埋的悲伤。当时，维持了15年的婚姻刚刚破裂，罗布驾车出差。突然收音机里传出菲尔·柯林斯（Phil Collins）的《分别的生活》(*Separate Lives*)这首歌曲。罗布说："他唱的就是我，这首歌的曲调和歌词太符合我的心情了。有人理解我的感受，就好像柯林斯坐在副驾驶的座位上，听到了我心声，和我产生了共鸣，就像朋友那样。"

因为要忙于应对日常生活，罗布并未充分感受分手的痛苦。当音乐勾起他的情绪时，眼泪开始模糊了他的视线，他不得不把车停在路边，痛痛快快地哭了一场。罗布说他哭完后觉得如释重负，这次宣泄帮助他挨过了接下来的几周，他的婚姻最终以离婚收场。他让自己有更多的独自安静待着的时间，开始写情绪日记，接触到了之前他没有意识到的情绪。罗布还让自己开放地接纳生活改变带来的新机会和新成长。

你是否有类似罗布的经历？一段音乐在恰当的时间出现，一首歌道出了你内心没有表达出来的情感。罗伯塔·弗拉克（Roberta Flack）曾经录制过一首歌唱这种现象的歌《一曲销魂》（*Killing Me Softly*），她在歌中唱道，歌手好像找到了她的信笺，把它们大声读出来。

为什么会这样？为什么陌生人能表达出我们的情感？因为音乐、诗歌和所有的艺术都源自集体无意识的秘密海洋，那是世界之心。这是超越时间与空间、超越文化与信仰的共同点。情绪是构成人类体验的素材。情绪使我们成为人，是把所有人联结在一起的主线。这就是为什么当艺术家表达他们的情绪时，我们会产生共鸣，会触动我们的情绪体验。

当你情绪激动或陷入令人痛苦的情绪时，是否会求助于音乐？什么样的音乐会让你和悲伤、快乐、愤怒、困惑联系起来？音乐是流动的情绪。有趣的是，在古典音乐中，不同的部分被称为"乐章"。

音乐会对身体、情绪、心理和灵魂产生影响。音乐能带给人快乐，也有治疗作用。音乐是很好的药。

音乐和对节奏的体验能够激发情感，这些情感可以被转化为线条、形状、色彩和纹理。很多人会伴着音乐跳舞，但很少有人在绘画时用音乐来引导他们的动作。在本章的活动中，你将试着这样做。这就像在纸上舞蹈。秘诀就是让音乐流过你的身体，通过你的双手再流到纸上。

情绪音乐

材料

- 美术纸；
- 你挑选的绘画材料（粉笔、大号毡头笔、蜡笔、水彩）；
- 你挑选的音乐录音。

活动

1. 播放能反映你当下情绪或你想探索的情绪的音乐。站在美术纸前面，让身体随着音乐摆动或移动。感觉音乐在你的身体里。

2. 用你的非惯用手绘画，用能够表达你情绪的色彩。让音乐和你的情绪引导你手和手臂的动作，引导你的色彩选择。感觉音乐中不同的乐器或声音。每种乐器或声音会使人想到什么颜色、质地、形状和线条？

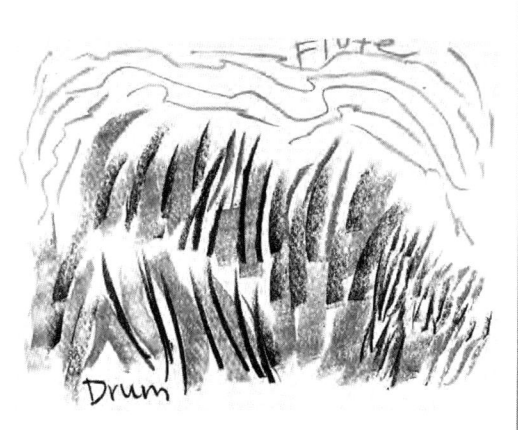

这个活动想做多长时间就做多长时间。如果你想换种音乐，画一幅新画，完全没问题。想画多少幅就画多少幅。你可以尝试同时用两只手画，或者交替用不同的手来画。例如，一只手伴着鼓声画，另一只手伴着笛声画（如图 6-1 所示）。

图 6-1 一只手伴着鼓声、另一只手伴着笛声的画作

3. 用惯用手在日记里写出你的感受。

画音乐

我曾经有大约一周的时间感觉神经紧张,心情不好。我的电脑崩溃拿去修理了,还没找到问题出在哪儿。我担心自己是否能按期完成工作,如果我交付不了,就拿不到报酬。而且上一周我的财务出问题了,来访者没有及时支付费用,这让我非常沮丧。

在工作坊中,我开始伴着音乐画画。这是一次非常完美的体验。一开始播放的是忧伤的挽歌,它很好地反映了我的忧郁和失望。我用各种深浅的灰色蜡笔作画——从浓重的深灰色到柔和的浅灰色,其中还有很多深蓝色。

当音乐发生变化时,管弦乐中加入了女声独唱。我的情绪开始变成了焦虑,甚至产生了对最后期限的恐慌。我换了一张纸,使用了黑色和明亮的红色。我的笔触变得更加用力、更加有生气,就像暴风雨中的海浪。这些笔触纠缠在一起的作画方式跟第一幅画的完全不同。

我画的第三幅画比较平静,就像夏日的海面。它比一开始我画的时候变得更自由了。这幅画的下半部分同样是黑色和明亮的红色,上半部分的红色里加了一点水,混合成了粉色的天空。

通过倾听、运动和画出情绪,我的身体变得充满了活力。我觉得我找回了自己的力量,不再感到无助。

工作坊结束后,我信心十足地重返工作。伴着音乐画画让我觉得好多了,包括身体和情绪。电脑尽管还没修好,但我得到了帮助,有可能在最后期限之前完成工作了。财务问题依然存在,但我不再对此耿耿于怀。我在逐渐处理这些事情,把这些情绪从我的身体和头脑中清除出去让我如释重负。

音乐是疗法

从以上的例子可以看出,音乐具有疗愈的作用,它可以释放被埋藏的情绪,开启新的力量和创造性。用于治疗身心疾病的音乐疗法是最早被职业化的表达艺术形式之一。在过去的几十年里,医院、精神病诊所、康复诊所、教育机构都已经在用音乐进行治疗了。事实上,音乐被作为治疗方法可以追溯到更早的时候。和弗洛伊德同时代的乔治·果代克(Georg Groddeck)使用了这种疗法,他是《论本我》(*The Book of the It*)的作者,被认为是现代身心医学之父。两个人互相通信,他想在他的矿泉疗养所为患有癌症的弗洛伊德进行治疗,但弗洛伊德拒绝了。

我最早从一位年老的脊椎按摩师和中医那里听说了果代克的开创性研究,包括按手疗法和心理疗法。这位中医名叫乌苏拉·格雷维尔(Ursula Greville),19世纪与20世纪之交时出生在英国。格雷维尔记得经常和父母拜访果代克的矿泉疗养所(位于欧洲大陆)。格雷维尔天生有一副好嗓子,小时候就开始上台表演。15岁时,她在莫扎特的歌剧《魔笛》(*The Magic Flute*)中饰演夜后。在疗养所,果代克会让这位年轻的歌手在他的治疗室外唱小夜曲,尤其是当他治疗难治的病人时。之后他总会对格雷维尔说:"啊!你是天生的治疗师。"果代克的评价让这位年轻的女孩感到不安,她认为自己将来会从事音乐。"不,我不是治疗师,"她表示反对,"我讨厌病人,我讨厌疾病。不要再这样说了。"事实证明果代克是对的。后来格雷维尔成了几种治疗方法的从业者,包括草药,她强烈建议用音乐来获得内在的平衡。

如今,音乐已经被作为一种疗法,有关这种疗法的记录很多,最近唐·坎贝尔的书《莫扎特效应》让音乐疗法火爆起来。这本书从作者自己不可思议的自愈故事写起(他让其大脑中的血栓缩小了),通过大量的案例研究,带着读者经历了神奇的旅程。书中的一些部分特别鼓舞人心，这些部分描述了法国内科医生阿尔弗雷德·托马提斯的突破性成果和使用莫扎特效应的惊人疗效。如今，世界各地都有托马提斯中心。坎贝尔还进行研究，例如在巴尔的摩圣艾格尼丝医院（St. Agnes Hospital）危症监护病房进行的研究。听半个小时音乐具有与10毫克安定相同的镇静作用。

坎贝尔还制作了名为《莫扎特效应》的三个音乐汇编录音带：

- 《第一辑：头脑的力量》（Volume I, Strength of Mind），改善理解力和学习能力；
- 《第二辑：疗愈身体》（Volume II, Heal the Body），改善休息，促进放松；
- 《第三辑：释放创意精神》（Volume III, Unlock the Creative Spirit），激发创造力和想象。

我建议使用这些录音带来直接感受莫扎特效应。第三辑尤其适合做内在小孩的活动。这一辑的主要特点是这位伟大的作曲家改编了一首古老的民歌，这首歌就像《一闪一闪小星星》或《字母歌》一样在托儿所、幼儿园里被传唱，顽皮、富有创意的内在小孩跃然显现在这段音乐中。

除了坎贝尔的作品，我还推荐音乐家和心理学家约翰·M.奥提兹（John M. Ortiz）所著的《音乐之道：声音心理学》（The Tao of Music: Sound Psychology）一书，这本书引导我们了解音乐具有令人蜕变的特性，书里还有很多练习、洞见和案例故事。同样值得阅读的还有茱莉娅·卡梅伦（Julia Cameron）写的《黄金矿脉》（The Vein of Gold: A Journey to Your Creative Heart），在标题为"声音王国"的那章中有很多用声音和音乐做实验的想象练习和一些好玩的练习。

另一本探讨音乐的疗愈作用的好书是苏珊·斯库格（Susan Skog）写的《抑郁

症：你的身体想告诉你什么》(*Depression: What Your Body's Trying to Tell You*)。这本书介绍了抑郁症的替代疗法，还介绍了艺术疗法和写作疗法。对于任何有抑郁问题的人来说，这都是一本很有价值的书。

在我的工作坊，我会对音乐的选择提出建议，爵士、古典、圣歌、声乐和器乐、本土的世界音乐反映了各种各样的风格。我非常推荐《情感之声》，它是和这本书配套的系列音乐，由杰西·艾伦·库珀创作。

让我们情绪爆棚的声音

某些声音会让我们紧张、烦躁易怒，引起疲劳感，甚至会损害我们的思考能力。"我听不到我自己的思考。"噪声污染的受害者嚷道。另一方面，有些声音和音乐具有安抚、鼓舞和激励的作用。"让我们放点有情调的音乐。"男子对他的情人说。

正如之前提到的，我们生活在声音的环境中。有些声音是我们能够意识到的，有些被阻隔了。就像调整照相机镜头或望远镜的焦距，我们会有选择地注意某些声音，而把其他声音归入背景。我们调高内耳的音量，倾听我们选择去听的声音。我们的声音焦点随时都会改变，为你自己而听。试一试以下这个声音冥想，我用这个冥想帮助参加工作坊的人把注意力集中到当下。当你需要放松时也可以做这个练习。它也很适合用来发现声音对情绪、身体和心理状态的影响。

一旦你充分认识到声音对你和你的情绪的影响，你就可以做出选择了。诺琳就是个很好的例子，她是一位富有才华的钢琴家，退休后仍在教授音乐。她开始感到紧张焦虑，但不知道原因是什么。"我就是总觉得很烦躁、很疲惫，"她对我说,"我去看过医生,他们没查出有什么问题。也没有什么特殊情况,比如遇到令人讨厌的人或麻烦的事情。我说不清楚为什么。"

> **听和现在:近与远**
>
> 通读指导文字,然后闭着眼睛做这项活动。
>
> 倾听当下周围的声音,从离你最近的声音开始。闭着眼睛是为了把听觉隔离出来。注意听你自己身体的声音。你能听到自己的呼吸吗?能听到自己的动作吗?
>
> 让最早听到的声音逐渐退到意识的背景中,把注意力转向稍远一点的声音。倾听房间里的声音或者紧挨着你的空间里的声音。你听到了什么?人、宠物、机器、音乐、大自然?
>
> 把听的范围继续扩大。临近的空间、房间、建筑物传出了什么声音?
>
> 把注意力转向更远的声音——街坊、院子或街区。你听到了什么?狗在叫?一辆汽车经过?继续扩大听的范围。你最远能听到什么?几个街区以外的警笛声?头顶的飞机?一次只聚焦于一种声音。
>
> 然后把注意力拉回到你自己的呼吸和心跳上。

在很远的山区度假胜地度了一周假之后,诺琳知道自己的问题是什么了。回到家里后,她发现她再也不能容忍城市的声音了。在过去几年里,人口和车辆变得非常稠密,听觉范围里充斥着各种声音,包括车辆行驶的声音、汽车报警器的声音、警笛声、狗吠声、附近机场起飞的飞机和直升机的声音,而且听觉的范围不断扩大。她决定搬到小镇上。到了那里后,她长期的烦躁消失了,重新恢复了健康平和的心态。"我是一名音乐工作者,我当然喜欢美好的声音。现在我被大自然的声音包围着——鸟鸣、潺潺的溪水声、静谧，尤其是在夜晚。与前些年比，我的睡眠大为改观。在弹奏钢琴的时候，我能真正地听到我的琴声，完全没有城市的背景噪音。"

敲鼓与热情绪

敲鼓特别适合表达第 4 章和第 5 章探讨的热情绪，比如愤怒、激情和性欲。敲鼓或演奏任何打击乐器所引发的动作都能自然地释放这些情绪。你不需要任何音乐方面的训练或天赋就可以发出打击的声音。你甚至不需要真正的乐器，我们日常丢弃的很多物品都可以被用作鼓和打击乐器，比如燕麦片的包装盒、大的冰激凌盒、瓦楞纸箱、塑料桶。木制的搅拌勺和棍子可以被用作鼓槌、打击乐器的小槌、响板。在厨房里，你可以找到各种被埋没的乐器。这就是为什么学步儿童都特别喜欢坐在厨房的地上，玩耍他们能接触到的锅碗瓢盆。

如果你喜欢敲鼓和敲打乐器，你可以考虑给自己买一面鼓。不需要买很贵的，你会在最意想不到的地方找到你想要的鼓。确定自己想要什么，看看会发生什么。在乐器商店里搜寻了几个月之后，我几乎对找到合适的鼓不抱希望了。后来当我在一号码头进口商品店里看家居用品时，无意中看到一些来自几内亚的大鼓。每个鼓发出的声音和给人的感觉都不一样。在试了所有的鼓之后，我找到了一个中意的。在我看来，它发出的音调以及敲击时给我的感觉都很特别。用你的本能、触觉和听觉来评判一面鼓。当你找到合适的鼓时，就会立即认出它。我的朋友们曾在街道集市、进口商品店、艺术博览会、书店、印第安人的商店以及销售水晶制品、萨满教用品的商店里找到过鼓。

如果你打算敲鼓，一定要看一看米基·哈特（Mickey Hart）和杰·史蒂文斯（Jay Stevens）写的书《魔法边缘的鼓声》（*Drumming on the Edge of Magic: A Journey into the Spirit of Percussion*）。米基·哈特曾经是感恩至死乐队（Grateful Dead）的打击乐器乐手。这本书有一部分自传的性质，同时也探究了击鼓与萨满教传统的历史和相关知识。这本书引人入胜，令人鼓舞。你还可以听一听米基·哈特的世界音乐专辑和打击乐专辑。在进行下一个活动之前，你可能需要回顾一下第 4 章有关热情绪的内容。

> **热声音**
>
> 　　试着用鼓或类似鼓的东西表达愤怒、激情和性欲等热情绪。闭上眼睛，认真听你敲击出来的鼓声。尝试用手的不同部位敲击，变换速度和音量。让情绪宣泄到鼓中，就像绘画和捏黏土的活动那样。尝试其他敲击材料，比如棍子、木块等。
>
> 　　注意：如果你附近有钢琴，可以试着在钢琴上即兴演奏出你的情绪。你不需要受过任何相关的训练或拥有特殊天赋，只需用钢琴探索特定的情绪。
>
> 　　如果你会演奏某种乐器，那么试着通过即兴演奏来表达你的情绪。当然，你也可以用现成的音乐来表达你现在的情绪或心情。

我推荐杰西·艾伦·库珀的《情感之声》这张 CD。你敲鼓时可以播放"愤怒"那一面。我还推荐博比·麦克费林（Bobby McFerrin）创作并演唱的歌曲《愤怒的人》（*Angry Man*），这首歌被收录在名为《疗愈音乐》（*Medicine Music*）的专辑里。后面你会伴着它跳舞，不过只是聆听也是很棒的体验。它以很有创意的方式体现了愤怒的情绪，是把情绪转化为艺术的好范例。我强烈建议你买一张《疗愈音乐》的录音带或 CD。我们会在本章结尾和下一章里采用其中的很多歌曲。

能传递情绪的人声

除了音乐和其他环境声音能引发情绪之外,人所发出的声音也能传递情绪。说话和声音的表达,比如尖叫、大笑,都被用来传递各种各样的情绪,包含情绪的人声会打动我们。例如,"着火了"的喊叫声会让我们冲出房间,语调和声音中的急迫感比语言本身更有感染力。我们不需要看到大喊的这个人,只要我们觉得他是认真的,就会立即跑出去,然后再打听情况。如果"着火了"这几个字被说得很平淡,没有感情,我们的反应可能是无动于衷,我们不会把它看得很严重。发挥作用的是说的方式,而不是言语本身。

在右脑中有一些功能中心,专门负责这类富有情感的声音表达。尽管言语和左脑的语言中心有关,但语调、抑扬顿挫和情感的细微差异由右脑中的情绪表达区域负责。这个区域受损或患病的人无法在说话时表达出情绪。与之类似,对于因为早期创伤导致情感封闭的人,或者暂时陷入震惊状态的人,这部分脑区没有发挥作用,所以他们会用毫无情感的平淡语气说话。当右脑的这部分脑区发挥作用时,我们会把情感注入自己的言语中。我们充满情感的表达也会感染其他人。

思考一下,当你想到以下声音时会有什么反应:

- 妈妈给宝宝低声哼唱摇篮曲;
- 情人在你耳边低语甜蜜的情话;
- 一个人在大喊"小偷,小偷!";
- 孩子们在游乐场里的欢笑声;

- 学步的孩子摔倒了，哇哇大哭；
- 体育解说员兴奋地讲解比赛。

用声音表达我们的情绪

用声音表达我们的喜怒哀乐是像呼吸一样自然的事情。我们自然而然地发出诸如哼声、呻吟、悲叹、痛哭、抽泣、喊叫、尖叫、大笑、咯咯地笑，情绪会透过这些声音流露出来。

我们的声音就像指纹，它带着我们的特征，这就是为什么我们会在司法工作中使用声纹。我们用这种天赐的能力表达我们是谁。每一天、每一分钟，我们的声音都在改变，它反映了我们变化的情绪和情感。紧张、放松、快乐、忧郁都体现在我们的语调、音量和音高中。例如，很多从事按摩疗法和健身的人都告诉我，人们在按摩后，声音会变得更低，共鸣性会更好。

对于我们声音的改变，他人通常更容易听出来，但我们可以更留意自己的声音，把它作为内心深处情感的媒介。就像我们用视觉艺术来识别和释放我们的情绪一样，我们也会利用声音这样做，但是首先我们需要发现自己的声音。

我们这个时代最伟大的声音老师之一是亚瑟·约瑟夫（Arthur Joseph），他的学生和来访者名单听起来就像娱乐和体育界的《名人录》（*Who's Who*）。我有幸师从于亚瑟，和他一起在迪士尼公司教授个人展示。他的信条之一是你的声音能让你立即和他人建立联系，还可以和你自己联结起来。亚瑟创造了一种名叫"声音意识"（Vocal Awareness）的方法，教人们如何把声音和灵魂、精神、情感联结起来。如果你很想探究声音的作用，可以拜读他写的《心音》（*The Sound of the Soul*）

一书。更好的做法是使用他的系列录音带《声音意识》(*Vocal Awareness*)和《唱出你的心声》(*Sing Your Heart Out*)。他的视频《声音意识》也很棒。亚瑟的方法清楚地告诉我们，当我们最终发现自己真实的声音时，通过我们表达出来的是爱，正如他所说，是灵魂的声音。

为了探索你可以用声音进行怎样的表达，你可以做一些关于声音的游戏。在开始游戏之前，让我来帮你们克服在被要求自发地发出声音时通常会出现的窘迫。就像绘画时的情况一样，人们总是担心犯错、出丑或被评判。我怀疑这就是人们会偷偷在淋浴的时候唱歌，而不在别人面前唱歌的原因。

我们重申：声音活动或本书中的其他任何活动都不存在做法的对错，放心大胆地去做。如果你不想让别人听见，可以找任何能让你舒服地用声音表达情绪的地方，如浴室、山顶。注意和绘画活动中一样的警告，即不要在可能批评你的人面前从事这个活动。尽量放松，玩得开心。如果内在的音乐评论家跳了出来，你可以让它等一等，等你完成活动。你还可以做第 2 章中介绍的日记对话。

由于声音依赖于呼吸，所以我们从呼吸冥想开始。然后，我们发出能让自己放松、使身体充满活力的声音，接着发出表达情绪的声音。

发现我的声音

活动

1. 找个舒服的姿势坐着，关注呼吸。双手放在肚脐下方，注意吸气和呼气的节奏。让呼吸变得更慢、更深，让吸进来的气充满你的腹部和整个身体。这样做几分钟，让自己彻底放松。

> 2. 现在把你的手放在腹部的上方，找到你觉得声音的力量发出来的地方，顺着这股力量向上，经过气管。然后，在呼气的时候发出声音。发出任何声音都可以，以下是一些发声的建议：
>
> - 呼气的嘶嘶声；
> - 打哈欠的声音；
> - 叹气声；
> - 啊声；
> - 笑声；
> - 英文元音的声音；
> - 呻吟或呜咽声。
>
> 3. 找到一种你愿意多发一会儿的声音。顺其自然，尝试不同的音量和音高。你可以轻声，也可以大声，按照你的意愿来做。

发出内心深处的声音：悲伤、孤独、悲痛

在治疗实践中，我看到当来访者可以通过声音探索他们的抑郁、悲伤、孤独和悲痛时，他们会发生惊人的改变。这些情绪通常和缺乏活力相关。然而，通过用声音把它们表达出来，我们常常会看到这个人的活力开始增加了。无论是利用钢琴还是通过人声，这些人都能将深埋的情绪，或用微笑和成年人克制的表情掩饰起来的情绪表达出来。一直不敢说话的脆弱的内在小孩开始变得善于表达了，找到它的声音，你会发现它有很多话要说。

把我们的情绪压抑、隐藏起来需要耗费很多精力，压抑、隐藏脆弱和悲伤尤

其如此，因为它们通常不会被我们这个过度文明的社会所接受，我们的社会崇尚不懈地追求快乐、权力和力量。这些情绪有时会通过人声和音乐出现在即兴吟唱的歌曲或诗歌里。对于会演奏乐器的人来说，这些情绪会通过钢琴、电子键盘或吉他宣泄出来。通过声音宣泄是一种古老的本能的冲动。当我们发挥这种天生的能力时，它就会产生神奇的疗愈作用。

> **心灵疗愈**
>
> 我建议，再做一做之前的"情绪音乐"和"发现我的声音"活动，聚焦于悲伤和孤独的情绪。或许你会想到其他词汇，比如悲痛或抑郁。让情绪通过你的声音表达出来，人声或其他方式发出的声音。

调音定调

让身体和元音的声音发生共鸣，这被称为调音定调。这是全世界萨满教治疗师采用的一种古老的方法。但是，我们不需要成为治疗师、萨满教巫师或巫医就可以使用调音定调的方法。

试着发出一个元音，感觉一下你身体的什么地方在振动。发出不同的元音或者发出长长的 A、E、I、O、U，时间尽量长。你能感觉到身体的哪个部分在振动吗？是头、胃、腰还是鼻窦？

这就是调音定调。你可以用这种方法来放松、治疗，让身体部位或内脏器官变得有活力。20 世纪 70 年代，我通过劳蕾尔·伊丽莎白·凯斯（Laurel Elizabeth

Keyes)的作品了解到调音定调。她是《音调：声音的创造性力量》(*Toning: The Creative Power of the Voice*)一书的作者。我还和查瓦·拉森(Chava Lassen)一起做研究。她是加州圣塔莫尼卡的一位声音教练，指导治疗师、老师和其他在治疗中使用声音的人。查瓦认为音调和声音的共鸣比言语的内容更有感染力。如果治疗师、内科医生、护士和其他治疗专业人士想对来访者和病人产生健康的影响，他们就需要注意自己的声音，以及他们的声音对其他人的影响。你可以试着自己调音定调。每天早上淋浴时很适合这样做，这是保持平静和活力的好方法。

用声音治疗身体

如果你身体的某个部分感到绷紧，试着发出一些元音。找到一个可以和需要治疗或能量的身体部位产生共鸣的元音。你能感觉到那个身体部位的振动。这是内在自我和被阻塞的身体部位之间的一种对话。

重复这些声音，想持续多久就持续多久。声音飞翔在你呼吸的翅膀上，所以要深呼吸，以便产生更圆润、更能引起共鸣的声音。然后，看看身体有什么感觉。

能让你平和满足的曼陀罗与声音冥想

最古老的精神体验方法之一是吟唱或默背曼陀罗。曼陀罗是被一遍一遍重复的音节、词语或短语，被广泛应用于东方传统宗教，如印度教、佛教。曼陀罗是为了让诵念者把注意力集中到曼陀罗上，让纷乱的思绪平静下来。这个词源自梵文的"manas"(思想)和"trai"(保护、免于)，因此曼陀罗能帮助我们摆脱思绪，有助于保护我们自己。冥想中经常使用曼陀罗。

在我所研究的传统教义中，冥想是超越自我、感受内在的自己或自己的神圣本质的过程，目的是感受个人意识和宇宙意识的一致性。坐着冥想时，冥想者找一个舒服的姿势，反复默默背诵或出声地背诵曼陀罗。这听起来容易，但并非如此。冥想者常常会无意中走神，产生各种想法，比如"周六晚上的聚会我穿什么呢？""我付电话费了吗？""哎呀，我的腰好疼。"纷纷杂杂的思绪就像一群过度活跃的孩子。它什么都可能做，就是不肯停留在当下。当冥想者意识到自己走神时，他们会把注意力拉回到曼陀罗上。

一天中的任何时候都可以反复诵念曼陀罗，都可以把任何活动转化为冥想。曼陀罗把我们的思绪固定在当下，因此在日常压力的风暴中，在忙碌的大脑所支配的生活中，为我们提供了安全的港湾。斯瓦米·穆克塔南达（Swami Muktananda）所著的《冥想》（Meditate）是这方面的杰出之作。

作为冥想中思绪的焦点，曼陀罗可以很简单，只有一个音节，比如"唵"（想一想东方精神体验中的原初声音）。它也可以是一个词或短语，比如哈里·唵或藏传佛教的曼陀罗"唵嘛呢叭咪吽"。曼陀罗是有意义的，比如我教授的梵音曼陀罗"唵南嘛湿婆耶"的意思是"我敬重内心的神灵"。有些曼陀罗赞美神灵或者只是说出神的名字。甘地遇刺时，他嘴里诵念着的曼陀罗就是梵文的神的名字"Ram"。

在经过改造的曼陀罗冥想中，西方人通常会反复说简短的肯定性祷告文，比如"神保佑我"或"荣誉归于主"。有些人会使用毫无意义的一系列音节。我个人比较喜欢古代梵文曼陀罗，因为它们经历了时间的检验，反复诵念这些神圣的声音具有改变或保护诵念者的作用。它们使身体的能量中心（即轮穴）振动，清洁身心，加强了精神的能量场。我最喜欢的曼陀罗录音带是古如玛伊·奇德维拉萨纳达（Gurumayi Chidvilasanada）的《曼陀罗的力量》(*The Power of the Mantra*)。如果想更多地了解曼陀罗的历史和信息，你可以买托马斯·阿什利-法兰（Thomas Ashley-Farrand）的系列录音带《曼陀罗：神圣话语的力量》(*Mantra: Sacred Words of Power*)。

曼陀罗冥想

编制你自己的曼陀罗或找到适合你的曼陀罗，可以采用以上我的建议。记住，曼陀罗就是你不断重复的一个音节或一串音节。

每天用几分钟时间背诵或吟唱你的曼陀罗。你可以在任何你觉得舒服的环境中这样做，比如坐着冥想时、淋浴时、开车时、在大自然中散步时。

如果你觉得自己很困惑、很纷乱，或者忧心忡忡，记着你可以在心里默默反复背诵你的曼陀罗。

冥想氛围

市场中有很好的冥想录音带和CD，有音乐的，也有各种声音的。你可以只是听它们，也可以用它们作为前两章介绍的活动的背景音乐。在进行冥想运动和舞动时也可以使用它们，我们会在下一章介绍冥想运动和舞动。你也可以录制一些你觉得适合作为冥想背景的音乐。以下是我最喜欢的一些冥想音乐录像带和CD：

- R. 卡洛斯·纳卡利演奏的美洲原住民长笛曲《峡谷三部曲》；
- 中世纪音乐的序曲合奏交响曲《希德嘉·冯·宾根交响曲》（Hildegard von Bingen: Symphoniae）；
- 理查德·舒曼（Richard Shulman）的《亚西西之光》（Light from Assisi）；
- 博比·麦克费林的《疗愈音乐》专辑［《第 23 首赞美诗》（the 23rd psalm）和《共同的线索》（Common Threads）］；
- 托尼·斯科特、宇泽新一和山本邦山演奏的单簧管、日本十三弦筝、尺八曲《参禅与其他喜悦之乐》；
- 格利高里合唱团（Gregorian）吟唱的《大自然的赞美诗》（Nature's Chant），及来自北湾（NorthSound）的大自然之声；
- 拉迪卡·米勒的长笛音乐《阳光幻想曲》；
- 理查德·舒曼的《亚西西的转化》（Transformation at Assisi）。

唤醒内心快乐的多巴胺音乐

音乐是表达喜悦最常用的方式之一。通过唱歌、演奏器乐，有时还伴着舞动，人们唤醒了内心的快乐。《圣经》劝诫我们，为主创造欢乐的声音。无论是通过福音音乐赞美上帝，还是吟唱情歌，音乐家和歌手触及了人类欢乐的顶点。我们超越了平和与满足，达到了极乐。

有趣的是，我们用"玩"这个词来描述音乐人和乐器的交互。从爵士乐团到交响乐团，乐团的成员在玩音乐。这不是巧合，因为带着我们超越自我，进入痴迷状态的正是顽皮的内在小孩。我们打开心扉，神奇的声音喷涌而出，带着我们飞翔。查看一下你收藏了哪些表达这些情绪的音乐。在我的工作坊中，杰西·艾伦·库珀的音乐总能引起快乐、自由和活泼的情绪。

博比·麦克费林的《疗愈音乐》中有几首表达快乐与充满爱的歌曲。在下一章探究内心的舞蹈时，我们还会见到它们。体现了快乐的、充满爱的与嬉戏的歌曲有：

- 《治愈你的那个人》（*Medicine Man*）——快乐的；
- 《宝贝》（*Baby*）——嬉戏的与充满爱的；
- 《是你，就是你》（*Yes, You*）——充满爱的；
- 《索玛》（*Soma so de la de sase*）——嬉戏的；
- 《共同的线索》——充满爱的；
- 《甜蜜的早晨》（*Sweet in the Morning*）——充满爱的；
- 《第 23 首赞美诗》——充满爱的。

> **活动**
>
> 回顾第 4 章和第 5 章中的活动，选择一些活动再做一次。这一次可以在创作艺术作品时播放音乐，让节奏和旋律引导你创作时的动作。试着闭上眼睛，分别使用非惯用手和两只手进行创作。

第二部分 用艺术疗愈情绪

探索情绪声音的音乐

在结束本章时,我想再说一说我的好朋友杰西·艾伦·库珀的音乐。杰西是一位颇有成就的唱片艺术家、表演者和视觉艺术家。当我告诉这位多才多艺的朋友我在写这本书时,他和我想起了我们共同的梦想——创作从事表达性艺术时的背景音乐。

杰西为本书前面列出的情绪家族九个成员创作了一系列伴奏音乐。他录制好的音乐合集叫《情感之声》。第一部分是我的叙述,我解释了可以把音乐和声音作为进入情绪的大门,也可以结合其他艺术形式来表达情绪。这是一个由十个部分组成的系列,其他九个部分分别针对情绪家族九个成员。本书中所有的活动都可以在杰西的音乐中找到合适的伴奏,比如绘画、制造声音、把情绪舞出来,或者只是聆听情感的声音。《情感之声》系列特别适合作为下一章中运动和舞蹈的配乐。你可以在网上找到这些音乐。

The Art of
Emotional Healing

第 7 章

舞动，让情绪流淌

第二部分　用艺术疗愈情绪

每个人都是释放情绪的舞者

我们已经探讨过，情绪会在无意中停留在我们身体的某些部位。我们在第 3 章用绘画和写作来释放被禁锢的情绪。这是一个良好的开端，但这并不能让身体里的情绪满意。它们想动起来，想像孩子一样玩耍、探索、尝试，我们的情绪想跳舞。

为了完成本章的活动，你需要一小块可以在上面随意舞动的空地。你的动作幅度有多大取决于你有多大的空间。天气暖和时，你可以在户外进行。

此外，还需要以下物品。

1. 音响系统。

2. 你收集的音乐，如：

- 加布里埃尔·罗斯的录音带；
- 《无尽之波》；
- 《萌生》(Initiation)；

- 《入定》(Trance);
- 杰西·艾伦·库珀的《情感之声》。

内在的舞者

想到舞蹈和童年，我就会回想起自己深深的渴望。小时候我像很多女孩一样，一心想成为舞蹈家。我恳求父母让我上芭蕾舞课，但没有如愿。尽管他们很支持我从事艺术，但担心我的健康。我曾被诊断出有轻微的心杂音，所以不可能上芭蕾舞课。我在音乐方面的天赋和热情被引导到钢琴和管风琴课程上，我还在格利高里合唱团唱歌，但是内在的舞者总是在折磨着我的心灵。

正是内在舞者的回归激励我创作了这本书。我知道，如果人们认为自己没有能力或不应该搞艺术，那让他们用艺术表达自己有多么困难。在成长的过程中，我一直认为，如果我学跳舞，我就可能会死，我脑海里盘旋着心脏病突发的情景。这就像伊甸园里的禁果，多么进退两难：害怕你最渴望的东西。到青春期时情况有所改变。我参加了短袜舞会和毕业舞会，但那是规定好舞步和动作的舞蹈。我没有发现独特、自发的内在的舞蹈表达。

39岁时，我身体里有什么东西猛醒过来。在通过绘画和写作进行自我治疗并变换职业之后，内在的舞者开始呐喊。随着发现了内在小孩，我开始意识到内在的舞者一直被禁锢着。她不想再沉默，不再一动不动。除了释放她之外，没有其他做法。我能找到的运动课程、周末工作坊和舞动治疗机构并不多。在第一次参加舞动治疗师琼·霍多罗夫（Joan Chodorow）的工作坊时，我哭泣起来。在地板上舞动给予我从未有过的自由，我唯一能做的就是为我所失去的、为我所找到的哭泣。

幸运的是，我接触到了一些洛杉矶地区非常好的舞动老师。他们帮助我释放出内在的舞者，我永远欠他们的情。他们为我所做的正是我要为你们所做的：告诉你如何放下恐惧和担忧，让内在长期等待的艺术家复活。你的视觉艺术家、音乐家或作曲家、讲故事者或演员是否一直沉默着？你的舞者是否一直被压抑？你可能存在以上一种或多种情况。

在本章中，我将借鉴我的老师们的灵感和方法，这些运动方面的先锋人物包括：

- 艾米丽·康拉德（Emilie Conrad），她设计了连续体方法；
- 杰出的治疗师兼老师露丝·古尔德·古德曼（Ruth Gould Goodman）；
- 舞出活力（Dance Alive）的创立者玛丽安·阿西·卡若（Mariane Athey Karou），她是我所知的最好的内在小孩运动的指导者；
- 卡特娅·比萨兹（Katja Biesanz），她的"你是舞者"的课程让我相信我是名舞者；
- 普雷玛·戴维（Prema Devi），她教给我内在舞蹈；
- 约翰·琼斯（John Jones），他教我把交谊舞看作艺术和治疗，获得其中的乐趣。

在我写这一章时，他们与我同在。所以，请加入我们来寻找你内心的舞者吧。

自发舞动的障碍

舞动会引发很多情绪，还会引起对自由表达的阻碍和抗拒。例如，对自己的体重和体型不满意的人会不敢在舞池里"炫耀",这是一位女士用的词。我曾经也属于这类人,很清楚这种感受。内在的批评家会说:"你太胖、太瘦、太高、太矮或太老了,不适合跳舞。"你现在可能就有这样的想法。"哦,我干脆跳过这章吧。"你对自己说。

小时候被人说笨的人(比如我),也会害怕站起来,让别人看出他们的笨手笨脚。他们通常会说他们有两只左脚。我只需要你阅读本章,尝试其中的活动。没有规定好的舞步,也没有固定的技术标准。你可以独自做这些活动,避开可能会取笑你的人。

为什么我们不能像孩子一样随心所欲地舞动呢?又是什么妨碍了我们?答案很简单,这与阻碍我们从绘画、搞音乐、写作或表演中获得乐趣的原因相同,那就是内在的评论家导致的,因为我们害怕自己会犯错。走出困境的方法和前面章节中的一样,从事这些活动没有对错之分,所以你怎么可能犯错?只有当对表演水平有预期时才会出现错误。我们这里根本不存在错误,所以请放松,跟着我一起发现你内在的舞者。

我意识到"跳舞"这个词可能令人胆怯。这会让人想到舞蹈家亚瑟·默里(Arthur Murray)、舞步和"要跳对",会让人担心犯错和出丑。在这里我们的做法不同,没有好坏之分,只是跳得不一样。

把你的情绪舞动出来

就像本书中所有的活动一样,表达性舞动的重点是情绪:通过舞动发现它们,释放它们。随意的舞动被用作情绪工具,而不是为了娱乐他人。关键在于"随意"。没有人指导你怎么跳、怎么动,不需要学习舞步;相反,你应该用身体反思你的情绪，让情绪表达出来。同时你会审视内心，分辨并拥抱你的情绪。

事实上，当你伴着音乐创作艺术时，当你在鼓上或用打击乐器敲击出节奏时，你已经开始了舞动的过程。现在你要把整个身体作为工具，让你的情绪流过它。这种即兴的动作其实是一种形式的冥想，目的是帮助你在当下更充分地感受你的身体和情绪。第一个活动可以安静地做。当你沉静下来，倾听你自己内在的音乐。

有趣的是，在准备写这个部分的时候，我碰巧和杰出的默剧小丑马歇尔·马索（Marcel Marceau）一起接受了电视新闻节目的采访。当马索被问到他的动作来自哪儿时，他的回答是："这些动作来自情感和乐感。"他甚至提到这些年来很多音乐人问他，他是否边听音乐边表演。很多年前看过马索的舞台表演，我能理解他们为什么会问这个问题。他的动作流畅而有节奏，而且是在静默中完成的，就像用身体在演绎优美的诗歌和音乐。马索说在表演时，他确实听到了来自内在的音乐。

舞动的冥想

材料

- 一个允许你自由活动的空间（你的周围至少要有两臂长的空间）；
- 舒服的衣服（不穿鞋）；
- 周围不要有镜子，这会把你内在的评论家招惹出来，对你评头论足；如果镜子挪不走，你可以闭上眼睛或者背对着镜子。

注意：如果你有暂时或永久的残疾，站不起来，你可以坐着做这个以及其他的活动。

活动

1. 站在你指定的"舞池"的中心。如果你站着,把脚分开,与胯同宽。站稳,就像种在地上的一棵树,膝盖放松。手臂舒服地垂在身体两侧。想象树根从你的脚底向下深深地伸展。

2. 让自己呼吸均匀、有节奏。吸气时,注意气息如何滋养着你;呼气时,让气息带走身体中的紧张和焦虑。让它像冰一样融化,流入地里。放松身体。

3. 静静地倾听你的身体和情绪:

- 你的身体现在感觉如何?
- 你的情绪怎么样?

4. 慢慢让身体做出一个能表达你的感受的姿势,包括身体的感受和情绪。

- 什么样的姿势能表达你的感受?例如,恐惧让你做出了胎儿似的保护性姿势,愤怒让你摆出一副气势汹汹的样子,张开的双臂或拥抱的姿势可能表达的是爱。找到你自己的姿势。

- 你能把简单的姿势扩展为能表达你的感受的动作吗?随心而动,让它带领你。让身体引导你,它知道自己想表达什么。这样做几分钟。在你活动时,留心你是否能触及流过身体的生命力。在亚洲传统文化中,这被称为"气";在印度,这被称为普拉那。它给人的感觉是热或刺痛。注意它流向了身体的什么地方。

5. 完成后,静静地站一会儿或坐一会儿。

这是一种适合每天练习的冥想方法,可以作为热身和拉伸活动。这不仅有助于缓解僵硬和紧张，而且能使你触及内在的一股力量，这股力量具有它自己的想法。如果你顺其自然，内在的力量会使你达到新的意识水平和活力水平。

跟加布里埃尔·罗斯学舞动

现在我们将探讨我的一位动作导师加布里埃尔·罗斯的成果。在 20 世纪 70 年代的一个舞动治疗师大会上，我第一次见到了加布里埃尔，当时我刚刚开始我的艺术治疗职业。她个子高高的，很轻盈，长长的黑发，站在舞台上，领着几百人做动作。我们都进入了冥想性的恍惚中，迷失在我们的身体里，迷失在当下和舞动中。这非常令人着迷。在随后的小团体工作坊中，通过两两进行的互动练习，她领着我们进入了我们的感觉和直觉。这次经历让我确信，我应该在自己的艺术治疗实践和工作坊中引入身体运动。

加布里埃尔是一位充满活力的工作坊引导者兼作者，她比任何人都更能让人们站起来，自发地舞动。她在世界各地旅行，参加大型会议和小型工作坊，邀请"内在舞者"出来玩耍。我认为她是舞动治疗领域的魔笛手（Pied Piper）。她可以让几百个成年人像幼儿园的孩子一样在舞池里舞动。尽管我和加布里埃尔、和她的音乐家丈夫兼伙伴鲍勃相处的时间不多，但他们深深地影响了我。在我自己的工作坊里，我会用他们的录音带和 CD 来探索动作。如果你想培养你的内在舞者，可以读一读加布里埃尔的书《汗水》(Sweat)。

加布里埃尔的杰出成果是她对她所说的五律的探究：流动、断音、混乱、抒情和静止。跟着音乐的舞动会体现这五种节奏，人们让这个创意过程具身化。这里的关键词是"具身化"。理性地思考和谈论创意过程是一回事，在身体里感觉到它是另一回事。这就是加布里埃尔帮助我们做到的事情。每一种基本节奏会引起它特有的姿势、动作和情绪。这五种节奏类似并体现了创意过程的阶段。

五种节奏和创意过程

流动。这类似于创意过程的第一个阶段。获得最初的灵感，头脑风暴，自由联想，实验，研究，了解重点。圆形和曲线的动作通常能表达这种节奏，它是包容的、开放式的。

断音。这种节奏让人想到创意过程中比较聚焦的、目标导向的、有目的的阶段。在工作坊中，我经常看到伴随着这种节奏，人们的动作和绘画中会出现直线、锯齿形状和线性模式。

混乱。这是创意过程的核心。此时范式发生了改变，新的秩序正在形成，但还没有显现出来。这也是最困难的时刻。很多人在这个时候停止了创新过程。在工作坊里，有些人在这个节奏期间甚至会感到有点恶心或困惑。他们会四处游荡，快速地乱转或四下转圈。在混乱阶段，我们常常感到迷失。经过这个阶段，我们就能找到方向了。

抒情。在这个阶段，如果我们顺从创意精神，就能找到我们真实的表达方式。舞动能够舞出真我，绘画能够画出它自己，歌曲发自我们心底。我们变成了空心的芦苇，神圣的风从中吹过。这就是新形式出现的地方。

静止。最后是《圣经》中上帝休息的第七日。我们默默地保持着已经发生的创意过程，思考着通过我们而产生的灵性。我们感到了上天的恩典，空虚被填满，这是很多精神体验老师提到过的感受。

五种节奏和情绪状态

当我在工作坊里开始用加布里埃尔的录音带作为身体舞动的伴奏时，我很快发现五种节奏不只是体现创意过程，它们还创造了一种可以在其中感受和舞出情绪的声音环境。我认识到这和伴随着音乐涂涂画画的活动是多么相似。

当我的学生经历这五种节奏时，大量的情绪会自然地涌出来。当人们进入断音节奏时尤其如此。这种节奏似乎允许他们愤怒地跺脚，猛击空气，做出各种模拟的攻击行为。他们像这样摆弄着情绪能量——纯粹的能量。他们并不是对房间里的某个人生气，也没有参与真正的打架。他们只是在舞出没有针对性的、积聚已久的愤怒，通过全身的运动将愤怒赶出胸臆。他们感到如释重负，也觉得很好玩。

一开始对这类活动非常抗拒的工作坊参与者最后会爱上它们。他们特别喜欢伴着断音节奏舞出愤怒，他们学会了接纳混乱节奏中所感到的困惑，甚至惊恐。很多来我工作坊的成年人正在经历人生的重大转变，如离婚、失业、变换职业、搬家。他们生活中有很大一部分有混乱感、困惑感。经历这五种节奏，有助于他们富有创意地应对这些情绪，降低混乱的影响力，只把它作为一种背景。这是生活和创意过程中必要的部分，但只是一个阶段。

我们会在接下来的活动中使用加布里埃尔的五种节奏。你可以用你自己收集的音乐，但用她的录音带或 CD 会比较容易，因为这些节奏都是按顺序排列的。

情绪的节奏

材料

- 找一块空地；
- 音响设备；
- 加布里埃尔的录音带或CD《无尽之波：第一辑》，或者你自己挑选的包含这五种节奏的音乐）；
- 日记本；
- 毡头笔。

活动

1. 播放《无尽之波：第一辑》标题为《波浪I》的那一面。

2. 跟随加布里埃尔的声音，做从头到脚的热身。

3. 继续聆听，跟着录音舞动，加布里埃尔会引导你经历五种节奏。

4. 当第一面结束时，稍微休息一下。然后播放下一面。再次伴着五种节奏舞动，这次要留意所引发的情绪：

- 在音乐中你是否感到了某些情绪？
- 你的情绪会随着节奏的改变而改变吗？
- 节奏和情绪的改变如何反映在你的动作中？

5. 当你觉得完成了，闭着眼睛静静地站着或坐着，感受身体里微妙的变化。

6. 拿出日记本，用你的非惯用手，写一写你对五种节奏的感受。你也可以画出你的印象：

- 描述一下经历五种节奏的过程；
- 某些节奏对你来说是否很难应对？
- 你对某些节奏是否有偏爱？
- 是否有些节奏引起了你强烈的情绪？
- 在日记本上写出或画出你的思考。

接下来，我们会用热身舞动来探索加布里埃尔的五种节奏，然后伴着这些节奏画画。你可以使用《无尽之波：第一辑》。

画出五种节奏

材料

- 找一块空地；
- 音响设备；
- 加布里埃尔的录音带或CD《无尽之波：第一辑》；
- 蜡笔或油画棒；
- 五张美术纸；
- 日记本；
- 毡头笔。

活动

1. 播放《无尽之波：第一辑》的任意一面。
2. 就像在上一个活动中一样，跟随加布里埃尔的声音完成全身的热身和五

种节奏的舞动。

3. 第一面播放结束后，播放第二面。这一次用任意一只手或用两只手伴着五种节奏画画（如图7-1所示），每种节奏画一张。边画边注意你的动作。观察根据音乐你随性选出的颜色、纹理和线条。

4. 如果你一边画一边想到了某些情绪词汇，那就用你的非惯用手把它们写在你的画上。

图 7-1 画出五种节奏

一旦了解了它们，你会想自己为五种节奏找到适合的音乐，尝试伴着这些音乐舞动，然后画画。

舞动是一种静默的自我修行

对于"trance"这个词，我最喜欢的定义是"一种神秘的全神贯注的状态"。在着迷的舞动中，你的动作完全是自发的、即兴的。让音乐在你身体里流淌，跟随你的直觉和本能。

你会知道自己什么时候进入了那种状态。此时你完全意识不到时间和空间，沉浸在声音的振动中。让自己沉浸在节奏和情绪中，最终你会和音乐、舞动合为一体。一开始可能不会发生这种情况。你需要时间逐渐放松，进入你自己的自由式舞动。内在的评论家会站出来指手画脚，说三道四。纷乱的思绪可能会让你走神，开始考虑过去和未来，就是不停留在当下。当发生这种情况时，意识到它，然后重新关注音乐和你的身体。音乐就是你的曼陀罗，舞动则是运动中的冥想。

我建议使用杰西·艾伦·库珀的《情感之声》，或者你自己收集的音乐。最好选择长一些的器乐曲，大约半个小时的时长，这样你会有时间沉浸在音乐中，随它而动。所以库珀的音乐很适合，因为每一面的音乐只代表一种情绪。你让自己有机会深入地感受某种情绪。把你的整个身体作为表达的媒介，作为乐器，作为原材料。在着迷的舞动中，无论身体想怎么动都是恰当的。让音乐的灵魂带动你，最终你会感到自己的身体就是一座神庙。

如果你允许音乐塑造你的舞动，而不是你在编造动作，那么你身体里的紧张和焦虑都会被洗刷出去。把音乐想象成淋浴，它在清洗你的内在和外在。让这种声音与节奏的结合反映在你的身体中。让你舞动起来的音乐可以磨穿长期形成的紧张情绪的外壳，就像水滴穿石。无论那是什么情绪：悲伤、恐惧、愤怒、快乐或平和。记住马索的话，"这些动作来自情感和乐感"。

随音乐而动

材料

- 找一块空地；
- 音响设备；
- 杰西·艾伦·库珀的《情感之声》或者你自己收集的音乐。

> 活动
>
> 1. 从情绪家族九个成员中选择一个，挑选能够表达这类情绪的音乐，播放出来。
> 2. 聆听音乐，随音乐而动，让情绪从身体里宣泄出来。
>
> - 你是否能感觉到在音乐中表达出来的情绪？
> - 这样舞动一会儿之后，你的情绪是否发生了改变？如果是，顺其自然。
>
> 继续听这段音乐，或者换成其他能表达你情绪的音乐。
> 3. 当你觉得完成了，安静地站着或坐着，体会身体里的活动。
> 4. 拿出日记本，用你的非惯用手，写一写你的感受。
>
> - 随着音乐而动让你有什么感觉？你能顺从于音乐吗？
> - 你觉得随性地舞动很舒服，还是很困难？
> - 是否引发了强烈的情绪？

向内的情绪：悲伤、脆弱和恐惧

身体的活动是探索悲伤、脆弱、恐惧等情绪的好方法。在身体运动的背景下，我把这类情绪称为向内的情绪。我经过多年的观察发现，当人们做出表达这些情绪的姿势时，他们通常会把自己封闭起来。这通常有两种方式：一种是身体蜷缩，就好像在保护自己或躺在摇篮里；另一种方式是能量变得内敛。

第一种向内的活动很明显，因为你可以从身体姿势上看出来。第二种形式不明显，但是我们能感觉到它。当人们感到不舒服、悲伤、恐惧或抑郁时，我们通常会发现他们的活力水平变了。他们变得比较安静，较少动，较少说话。我们会对陷入这种状态的人说："怎么啦？你今天不对劲。"当这个人摆脱了这种低活力的状态，恢复过来时，我们常常会说："真高兴，看到你又是原来的你了。"

本章中前面介绍的活动可以用来探索这个情绪家族。你可以在静默中舞动，也可以伴着符合你的特定情绪的音乐。

> 回顾之前的活动"舞动的冥想"和"随音乐而动"，通过姿势和自发的动作表达这类情绪，如悲伤、悲痛、脆弱、忧郁、恐惧等，通过舞动拓展这些情绪的表达。在你这样做的时候，留意身体在说什么。
> - 你的身体感觉如何？
> - 你的身体需要什么？
> - 它在寻求安慰、保护、休息吗？
> - 它是否需要小睡一会儿，是否需要用毯子把它包裹起来？
> - 你感觉到什么情绪？
> - 你的情绪想要什么？

> 回顾你在第4章和第5章中使用的艺术媒介：
> - 首先画出或雕塑出情绪；
> - 然后用姿势和舞动表现艺术作品中的形象；
> - 用任何一只手在日记本中写出你的反思。
>
> 注意：你也可以把顺序倒过来，先做身体动作，然后创作艺术作品。

滋养自我：爱与自我关顾

当你觉得想滋养自己，或者觉得需要安慰时，姿势和动作会非常有安抚性。

> 回顾之前的活动"舞动的冥想"和"随音乐而动"。我推荐博比·麦克费林《疗愈音乐》中的两段音乐——《第23首赞美诗》和《共同的线索》。

艺术还可以用来强化你对自己的温柔的爱。做法可以是画具象的画（如面孔或人），也可以是涂鸦、画抽象的画。在身体动作的活动之后，用黏土来表达也是一种很好的方法。艺术作品可能会激发出新的舞蹈。

> 回顾你在第4章和第5章中使用的艺术媒介：
> - 用姿势和舞蹈表达情绪；
> - 用绘画或雕塑表达情绪；
> - 用艺术作品为下一个舞蹈或姿势提供灵感。
>
> 用你的惯用手在日记本上写出你的观察发现和洞见。

维护自己：保护与肯定

有时，你脆弱或害怕的内在小孩会请求你的保护，它需要你站起来，维护自己。尝试站着静静地冥想。

维护自己

> 在地上站稳，就像一棵树。想象树根从你的脚下延伸到地心。当你通过树根从地下吸收能量时，感受你的力量和决心的增长。当你内在脆弱的小孩需要你的保护时，就采用这个姿势。
>
> 回顾前文中的活动"舞动的冥想"和"随音乐而动"，聚焦于肯定、保护和力量的感觉。找到最适合描述你的情绪的词。

> 根据你的动作，用绘画或黏土雕塑描绘这些情绪。它可能表现的是你在照顾自己或你的内在小孩。如果你愿意，可以在你的艺术作品的启发下创作一段舞蹈。

在日记本上写出你对这些体验的反思，用哪只手都可以。

向外的情绪：愤怒、热情与性欲

和前文中探讨的向内的情绪相比，愤怒、热情和性欲等热情绪似乎是向外流动的。在和单独的来访者或团体做舞动活动时，我注意到房间里的能量一定会变化。你感受到空气中的热度和这些情绪的力量。

你已经用绘画、黏土、声音和音乐表达过了这些情绪，现在试着扩展为全身的活动。之后你或许想把学到的所有艺术媒介都整合起来，如舞动、绘画、雕塑和制造声音。按你自己的直觉来整合这些媒介。

> 回顾之前的活动"舞动的冥想"和"随音乐而动"。如果你使用的是加布里埃尔·罗斯的录音，那么用断音节奏来释放愤怒，或者用《情感之声》系列中代表"愤怒"的一面。
>
> 根据你的舞动，用蜡笔或油画棒作画，或者用黏土雕塑。在创作艺术作品时，用嗓子发出声音或者用音乐伴奏。把艺术创作看作舞蹈的延续。

舞动是精神体验：平和、宁静

舞动是冥想和祈祷的最高形式。在整个人类历史上，世界各地的人都把舞蹈和身体动作作为宗教和精神体验仪式的一部分。在古埃及的绘画中，在印度和中国西藏的雕塑和冥想旗幡中，我们看到了各种各样的手势和仪式性姿势。在东方，被称为手印的手势是冥想时的一种动作曼陀罗。其中一些是有意做出来的，但手印通常是灵性在冥想者身体里运行时自发产生的。我们最熟悉的手印是佛祖塑像的手势，它代表了保佑、慈悲、平和或保护。

对如今很多土著来说，舞蹈依然在他们的生活和精神体验中发挥着核心作用。在巴厘岛和非洲的部分地区尤其如此。即使被殖民、几近消亡的文化，比如印第安人和澳大利亚土著，依然保持着精神体验传统中的舞蹈和仪式。

祈祷舞：灵魂的庙宇

回顾前文的活动"舞动的冥想"和"随音乐而动"，聚焦于平和与平静。我推荐 R. 卡洛斯·纳卡利的美洲原住民长笛曲《峡谷三部曲》、迈克尔·琼斯（Michael Jones）的《钢琴作品精选》(*Pianoscapes*)或者《音乐之声》(*Sound of Music*)系列中的《平和》。纳卡的《内心的声音》(*Inner Voices*)中的《奇异恩典》(*Amazing Grace*)也很棒。

用舞蹈来祈祷。博比·麦克费林《疗愈音乐》中的《第 23 首赞美诗》很适合这样做。另一个我最喜欢的祈祷舞蹈的音乐来自詹姆斯·英格拉姆（James Ingram）的专辑《这是属于你的夜晚》(*It's Your Night*)。歌曲的名字是《啊，莫布》(*Yah Mo B There*)，迈克尔·麦克唐纳（Michael McDonald）也在其中献声。你可以用格利高里合唱团的赞美诗或第 4 章推荐的其他录音带，来引发和表达平和与宁静感。

试着结合各种媒介，首先是舞动，然后和用绘画材料创作。

跳动，同时用声音表达你的情绪。

在做完舞动冥想后，在日记本上，用非惯用手写出你自己的祈祷文。

根与翼：快乐、嬉戏、创意

当西方人想到舞蹈，几乎无一例外地会想到聚会、庆祝和夜总会。尽管舞蹈几乎从我们的教堂和寺庙里彻底消失了，但在我们的家里和娱乐场所里幸存了下来。在这里，我没有包括专业的舞蹈表演，因为这本书主要谈的是艺术创作，而不是观看。你们应该记得，小时候大多数人跳过舞；青春期时，跳舞是约会的一部分，是我们认识和了解未来伴侣的方式。

舞蹈作为赞美生命的方式幸存了下来。类似地，我们在表达艺术中用舞动来表达快乐。即使一开始我们感到消沉沮丧，但舞动往往会让我们振奋愉快。

> **自由式舞动：生命之舞**
>
> 通过舞动表达快乐、创意和热情。回顾前文中的活动"随音乐而动"，挑选能表达这些情绪的音乐。
>
> 就像之前一样，在舞动、声音和绘画之间进行各种组合。
>
> 一边舞动，一边发出表达你情感的声音。大笑，发出快乐的声音。
>
> 用你的非惯用手写一首表达这类情绪的诗歌。

情绪是能量

在通过舞动探索你的情绪时，我希望你能亲身感受到情绪就是能量。情绪没有好坏，它们只是经过我们身体的能量。它们会卡住，就像被阻塞的水管里的水，它们也可以自由地流动。身体的舞动是让这些能量活跃在你身体里的好方法，而且很好玩。

西尔维娅·阿什顿-沃纳（Sylvia Ashton-Warner）是新西兰的一位作家兼老师，教授毛利族的孩子。她经常提到可以让孩子们安全地宣泄愤怒、悲伤、恐惧和痛苦的"创意出口"。阿什顿-沃纳所说的创意出口就是艺术。把到目前为止体验过的所有媒介看作不断扩展的创意出口，可以用来宣泄各种情绪。让这些艺术形式成为你的镜子，在镜子中你可以由内而外地看到你自己。

The
Art of
Emotional
Healing

第三部分

允许情绪穿堂而过

通过文字表达的洞见

当语言被用来描述创意表达时，两侧大脑都会参与其中。在表达艺术中，绘画、雕塑、音乐、舞动等一开始确实使用的是右脑，但并不会就此停止。表达艺术最终会用到语言和文字。我们的情绪、洞见和深层的内在指引想得到发言权。正如你在整本书中看到的，我们在表达艺术之后会在创意日记中进行写作。到目前为止，我们应该熟悉了这些观点——身体会讲故事，或者图画会说话。通过写日记，你把非语言的媒介体验转化为文字。在本部分的章节，我们要通过诗歌和散文来探究讲故事本身。然后，你会制作面具，让面具来讲述。最后是探索旧的信念，创建新的信念。此时情绪和想象结合在一起，使你能活出你的热情。

The Art of
Emotional Healing

第 8 章

写作即疗愈

在接纳和表达情绪的旅程中,我们最终会诉诸文字。尽管表达艺术从非言语的感官形象开始,但迟早我们会跨过胼胝体这座桥。胼胝体是联结左右脑的神经纤维束。我们会进入左脑中的语言文字世界。故事在时间与空间中展开。"一开始发生了这件事,然后发生了那件事,某人做出反应,然后产生了影响(或者没有产生影响),接着又发生了其他事情……"诸如此类。故事中的人物经历人生事件,做出回应,发生改变,被环境影响。现在我们正经历一连串的事件。我们进入左脑的地域——这是书面文字和口头文字的领地。

有温度的故事是最好的治愈

讲故事像人类文化一样古老。事实上,它可能是把群体团结在一起的"胶水"。对过去的记述不仅是再创造,而且有助于创造国家、州、城市、社区、部落和家庭的新身份。故事能讲述我们是谁,我们从哪来,死后会去哪儿,以及我们与更崇高或更超脱的力量之间的关系。所有伟大的宗教和精神体验依赖于讲故事和预言,将它们和信仰、教义、修行编织在一起。对《圣经》的评注、布道和赞美诗都是为了传播神圣智慧的活的道。

讲述故事的形式和方法很多:妈妈用童话故事哄孩子睡觉;美国黑人传教

士用文字版爵士重复讲述耶稣的故事，激励会众；投资巨大的影片《星球大战》（*Star Wars*）就是一群职业的讲故事人用原始的善恶之争、光明与黑暗之争迷住了成千上万的观众。

无论是睡前故事还是票房冠军，杰出的故事讲述的共同点是故事涉及普遍的人类状况。它们打动我们，会触动我们心灵深处的情感。我们和英雄人物一起欢呼，对反派嗤之以鼻。当故事中发生冲突和达到高潮时，我们会跟着紧张不安；当故事有了圆满的结尾，我们长出一口气，如释重负。如果是比较安静而内省的故事，我们依然会深陷其中，感受人物角色的感受，和一个或多个角色产生认同感，投入我们的感情。

如果我们无动于衷，那么这个故事没有打动我们。或许它是讲给别人听的。当一个故事反映了我们自己的经历时，我们会说："是的，那也是我的故事。"罗密欧与朱丽叶的故事可能会让你想起自己高中时不幸的初恋，或者希腊神话中有关美狄亚（Medea）的故事让你回想起自己离婚时情绪反应是多么激烈。《当哈利碰上莎莉》（*When Harry Met Sally*）这样的爱情故事也许会让你产生共鸣，想到自己恋爱中的酸甜苦辣。这些故事听起来很真实，因为它们能和所有人类体验中的共性产生共鸣。故事告诉我们，在生命的最深层面上我们都是一体的。

无论故事的形式是什么，比如经典、寓言、历史记录或小说，故事能使我们对人类普遍的困境有所了解。每个讲故事的人就像一个烟囱，强大的力量通过它冲出来。卡尔·荣格称之为集体无意识，这是充满了象征、神话和原型的地下海洋。无论是《杰克与豌豆》（*Jack and the Beanstalk*）中的巨人还是《星球大战》中的黑武士，原型的本质都是一样的。它是集体性的，因此原型具有跨时间和空间的特点。经典的故事代代流传，这些故事讲的是价值观、情感、冒险、生与死，以及《希腊人佐巴》（*Zorba the Greek*）中的人物所说的整个人类的大灾难。《杰克与豌豆》中的杰克和《星球大战》中的卢克·天行者（Luke Skywalker）具有相同的内涵。

观影疗心：电影的疗愈价值

21世纪最值得纪念的当然是技术革命，但是我们也可以称之为故事的世纪。因为历史上任何时期的人均故事量都没有现在多。巨大的产业以惊人的速度创造着故事，这些故事出现在图书、杂志、报纸、戏剧、电影、电视剧、视频、CD、DVD、交互式多媒体程序和电脑软件中。这些只是一部分讲述故事的方式。除此之外，还有讲述故事的环境，如主题公园、教堂、寺庙、清真寺里的布道和训诫，以及代代相传的家族故事。

讲故事与戏剧有关，而戏剧与情绪有关。像你们一样，很早的时候我通过电影认识到人应该有七情六欲。我可以哭，可以生气，可以害怕，可以咯咯地笑，可以在观看其他人的生活时产生各种各样的情感。你是否注意到，当坐在黑漆漆的电影院里或坐在电视机前，情感很容易被触发？作为艺术治疗师，我曾惊叹于电影的治疗作用，尤其是对那些平时不把情绪表现出来的人。我认识一位名叫莱尔的成功商人，他无法通过哭泣来宣泄悲伤，但在观看讲述棒球明星卢·格里克（Lou Gehrig）最后死于以他的名字命名的疾病的电影时，他抽泣起来。"长大之后，我从来没有这样哭过，"莱尔对我说，"这部电影对我的影响让我很吃惊。甚至在妻子离开我时，我都没有哭。你是一位治疗师。你对此怎么看？我失去了什么吗？"

我更详细地询问了他对卢·格里克的故事的感受，他自己的故事便呈现了出来。上高中时他是学校的棒球明星，一心想以棒球为职业。一支专业球队甚至想招募他。但是当他的父母突然死于事故时，他的棒球事业戛然而止。他不得不抚养弟弟，因此开始做生意，他的棒球梦就此死去。他从来没有为此哀伤过。"不，莱尔，我认为你没有失去什么，而是找到了什么，找到了你的真实情感。"

几个月后，莱尔兴奋地给我打来电话："一些事情被我推迟了很多年，现在我开始做了，比如旅行、写作、摄影。我买了一台很棒的照相机，我们刚刚从夏威夷回来。"他继续说道："我认为早期梦想破灭的痛苦让我不敢去感受，不敢追随我的心。这就像如果你喜欢的东西最终会被夺走，所以索性就不要开始一样。"然后他笑了，"你说得对。我确实找到了什么——我的情感，现在我会更多地表达它们。我变得放松了很多，我的婚姻关系也变好了。这次旅行简直就像第二次蜜月。"

如果你想更多地了解故事的治疗价值，可以读一读迈克尔·古里安（Michael Gurian）的书《我儿子需要什么故事》（*What Stories Does My Son Need*）。加里·所罗门（Gary Solomon）写过一本关于电影中的故事的好书，书名叫《电影的秘诀》（*The Motion Picture Prescription: Watch This Movie and Call Me in the Morning*）。它通过简短的描述和主题式信息让读者领悟到电影的治疗价值。让我们面对现实吧：电影是我们这个时代主要的讲故事方式，因此我们也会通过表达艺术，来用它们启发内心的探索。

接下来的活动的目的是通过你看过的电影更多地了解你自己。

电影中的情绪

材料

日记本和毡头笔。

活动

1. 用惯用手写一写对你影响很深的一部电影。

- 这是什么电影?
- 对于这部电影,你有什么感受?
- 在观看的时候,你产生了什么情绪?当时你表达了这些情绪吗?是怎么表达的?
- 电影的什么方面对你产生了影响?是情节吗?是人物角色吗?是某个场景吗?

2. 如果电影中的某个人物对你影响巨大,想象你和他之间的对话,把这些对话写出来。你的话用惯用手来写,人物角色的话用非惯用手来写。想象你和这个人物面对面交流。

- 你说了什么?
- 那个人物说了什么?

不要思考,就好像笔自己在纸上书写一样,让这个过程完全是不由自主的。

3. 用你的惯用手在日记本上写出你对这部电影,以及对你与人物的对话的思考。

拼贴出你的情绪故事

正如你已经发现的,写一写非文字的艺术作品和电影图像有助于你识别自己的情绪，更好地了解你自己。然而你可以用文字和图片做更多的事情，你可以用静止的照片，如流行杂志上的很多照片，作为个人讲故事的起点。更好的是，这个图像来源价格便宜，甚至是免费的（如果你从朋友那里，或者从医生办公室、美发店、美容沙龙收集旧杂志）。通过用杂志上的照片、图像和文字制作拼贴画，你可以像在梦境中那样编织自己的内在故事。有时，这类拼贴画可以很超现实，类似梦境非线性、非理性的性质。总之，这是右脑的思维框架，促使你深入挖掘潜意识，从潜意识中寻找引导、洞见和创意灵感。

运用照片和文字的拼贴画，我设计出一种讲故事的形式，我称之为图像写作。在这种形式中，我们用照片拼贴画作为内在自我的故事的线索，就像在纸上做梦。

胜过千言万语的图像

材料

- 拼贴画材料，包括美术纸、杂志、剪刀、胶水；
- 日记本和毡头笔。

活动

1. 用杂志照片创作一幅关于生活中令人情绪激动的事件或情境的拼贴画，可以是过去的或当下的事件、情境。你甚至可以创作一幅关于愤怒、快乐、恐惧、悲伤、平衡等情绪的剪贴画，让色彩、图像和形状表达你对你所选择的主题的感受。

2. 看你完成的拼贴画，你可以对它产生任何情绪。用你的非惯用手在日记本上写一写这幅画。要随性地写，不要试图纠正或思考应该采取什么形式。这是自由写作。

> 3. 用你的惯用手在日记本上写出你在制作拼贴画和图像写作过程中产生的洞见。

1994年洛杉矶发生地震的那天晚上,珍妮特和唐离震中不远。他们的家被彻底摧毁。在几周后的工作坊中,珍妮特对此制作了一幅拼贴画(如图8-1所示)。

图 8-1 表达家被摧毁的拼贴画

然后,她写了一首诗来说明她的画。

超越废墟的美好梦想

咔咔,轰隆隆,砰,稀里哗啦

> 轰隆隆，轰隆隆，轰隆隆
>
> 你在那里吗？你在那里吗？
>
> 墙、壁炉、家里的珍宝
>
> 都化作瓦砾。
>
> 目之所及
>
> 除了瓦砾，一无所有。
>
> 天终于亮了，太阳出来了。
>
> 你从哪里开始？一定要开始吗？
>
> 砖和灰泥，瓷器和水晶
>
> 尘归尘，土归土，重新开始。
>
> 头顶阳光照耀，
>
> 新的开始，新的一天。
>
> 在曾经的废墟里，建起了美丽的新家，
>
> 鲜花、树木、阳光，
>
> 总有光明能够超越毁灭。

后来，珍妮特在集体分享时展示了她的画，读了她写的文字，她描述了在漆黑的夜晚被震醒时的恐惧。没有电，所以他们能听到的声音只有房屋嘎吱嘎吱作响和破裂的声音，还有物品摔在地上的声音。他们可以听得出来，一切都被毁了。当珍妮特和唐终于能看见的时候，他们意识到"一切都化为了瓦砾"。

之后他们要应对不断发生的余震，还要料理自己的生活。珍妮特的拼贴画和故事令人心碎地表达了这段经历的内在意义——检验了她的求生意志，在破坏中创造美的能力，在恐惧、痛苦和悲痛中发现新生活的能力。

珍妮特的分享对房间里的每个人都具有深远的意义，无论他们是否亲身经历过地震。很多人说这幅拼贴画和这篇诗传递了他们自己生活中的重大变迁——离婚、濒死体验和其他重大危机。珍妮特的"总有光明能够超越毁灭"洞见直抵每个人的内心。这是治愈和希望的信息：人类的永恒主题——死亡与重生，让过去的过去，重新开始。

在第10章的结尾，你会看到另一个根据拼贴画和对话进行图像写作的好例子。作者叫克里斯蒂安（Christian），他的拼贴画让他接触到他的内在智慧、内在的艺术家。通过发现能够描绘这方面人格的图像并让这些方面表达出来，他得到了疗愈。他还为未来写了一段新文字。

让情绪讲它自己的故事

另一种让情绪表达的方法是让它们讲述自己的故事。很多情绪是长期、逐渐形成的，形成的过程很复杂。某些情绪在我们小时候不被接纳，但在后来得到了接纳。这就像我们和每种情绪的关系，我们和某些情绪有争执，和其他情绪相处融洽。接下来的写日记活动有助于你认清你对这些情绪的反应。更重要的是，它能帮助你更好地接纳这些情绪，无论它们是什么情绪。

让情绪讲它们的故事

材料

日记本和毡头笔。

活动

1. 用你的非惯用手写出你难以应对或想要逃避的情绪。

> 2.用你的非惯用手写出每种情绪想要表达的内容。让它讲述它在你生活中的作用——过去、现在和未来的生活。
>
> 3.用你的惯用手写出你从这种自传式写作中获得的洞见。
>
> 4.用你的惯用手写一写生活中最令人开心的事件。
>
> - 你在什么地方?
> - 外面发生了什么?
> - 你的内心发生了什么?
>
> 5.用你的非惯用手写出这些快乐的情绪要对你说的话,比如平和、平静、快乐、热情等。

下面是一位女士写的关于她小时候如何压抑天生的激情和生活乐趣的。为了看起来像同年龄的其他孩子,青春期时她总摆出一副冷漠的表情,但是她隐藏的激情有很多话要对她说。

激情说

我是你的激情。在你小的时候,你轻易就能公开地表达我,但当你长成少女,你封闭了起来。你觉得应该装酷,表现出激动一点不酷,所以我藏了起来。你在内心深处能感受到,但表现出来不够酷。

在你快40岁的时候,你发作了几次抑郁症。这些年一直把我封闭起来开始让你尝到恶果。我想出来,我极其渴望表达自己,如果你不让我这样做,你会死。你和我很幸运,你开始写你的情感和想法:你想要什么,不想要什么。你恢复了活力,开始只是为了好玩而参加歌唱课。一切都开始改变。最后你得到了你真正喜欢的工作。现在我出来了,永远都不会再藏起来。

评论

我认识到我的热情对新的销售工作很有帮助。它具有感染力。人们想和我做生意,因为我对自己做的事情充满了激情。激情就是能量。我不妨利用它。俗话说得好,用进废退。

写作是生活的疗愈师

1999年4月26日《新闻周刊》(*Newsweek*)发表了克劳迪娅·卡尔博(Claudia Calb)写的文章《纸与笔的力量》。文章称"自白性质的写作至少开始于文艺复兴时期,但新的研究显示它的治疗作用超出任何人的想象"。文章继续描述了开始于20世纪80年代中期的医学研究,它研究了对令人烦恼的经历和疾病的写作与免疫系统的增强、较少看医生、健康的改善之间的关系。研究还显示,写这类经历能够增加血液中的淋巴细胞,淋巴细胞具有抗病作用;这类写作还能使高血压患者的血压轻微降低。

几年前,我有机会认识了这项研究的先驱者之一、得克萨斯大学的心理学教授詹姆斯·佩尼贝克。他是健康与表达性写作领域的一流研究者。他长期支持我的工作,一眼就看出了画出创伤和写出创伤之间的联系。他的书《敞开心扉》(*Opening Up: The Healing Power of Confiding in Others*)记录了他的研究成果。

最近在纽约州立大学石溪分校实施的研究得出了类似的结论。112位患有关节炎和哮喘的病人在连续三天里每天用20分钟写作。三分之二的病人写创伤性事件,比如车祸、被强奸、遭遇火灾或亲朋好友死亡,有些人甚至边写边哭。研究者让其他被试写他们的当天计划。四个月后,50%写创伤性事件的人的病情显著改善，而写日常计划的人只有 24.3% 的人有改善。斯坦福大学精神病学家戴维·施皮格尔（David Spiegel）对这项研究进行了评论，他观察发现很少的心理社会互动会产生巨大的医学效应。他相信压力对关节炎、哮喘等疾病的发展具有影响。

我自己的临床实践证明在写完自己的感受、创伤和痛苦后，人们几乎无一例外地会感到身体和情绪的改善。有时写一次就会有治疗作用，就像你们在第 3 章中读到的露西尔和帕梅拉的案例。如果你有兴趣了解更多有关创意日记如何改善慢性和急性疾病的案例研究，可以阅读我的书《健康图》（The Picture of Health）。我的系列录音带《另一只手的智慧》（The Wisdom of Your Other Hand）中也有这类案例研究，证明了写作如何能释放情绪压力，消除身体症状。

除了缓解症状和改进健康之外，把恐惧写出来还有助于改善我们的学习成绩和工作业绩。卡内基梅隆大学的心理学家斯蒂芬·J. 莱波雷（Stephen J. Lepore）对准备研究生入学考试的学生进行了类似的研究，所有学生都表示对考试感到担心和焦虑。被要求写出过去 24 小时里做了什么的学生依然会感到担忧和焦虑，但被要求写一写自己的情绪的学生，之后会感觉好多了。在公立学校实施创意日记计划时，我看到了相同的结果。

我相信，表达我们的痛苦、恐惧和悲伤会使我们变得更强大，包括身体上和情绪上的。生活是我们的老师，在每个转折它都会向我们发起挑战。我们的人生故事会有怎样的结果取决于我们如何应对生活境遇。写一写最艰难的时刻能够带来巨大的益处，就像我自己的临床工作和医学研究显示的那样。何不试一试？除了痛苦和压力，你什么都不会失去。

通过艺术和讲故事来表达我们最深层的体验是对我们人性的承认。这通常涉及承认在面临某些事件和情境时，我们是脆弱无助的。但是我们可以在"新的开始，新的一天"中发现力量和美好。

通过以艺术的方式承认我们的人类状况，我们治愈了自己。我们接纳自己最深层的恐惧、最强大的力量，这是我们最人性化的，也是最神圣的部分。

生活是老师，情绪是治疗师

材料

日记本和毡头笔。

活动

1. 用你的惯用手写出生活中一件创伤性的或令人痛苦的事件。在写的过程中所产生的情感也要写下来。

- 发生了什么？
- 当时你有什么感觉？
- 现在你有什么感觉？

注意：如果你童年遭受过虐待或其他暴力犯罪，那要在专业人士或值得信任的朋友的帮助下从事这项活动。

2. 用你的内在智慧向导帮助你应对由此产生的情绪和记忆，向它寻求你现在需要的安慰或才智。用惯用手写出你的话，用非惯用手写内在智慧向导的话。你可能想在开始写之前创作一幅这位内在向导的画或拼贴画。

3. 如果你想和其他人分享你的画或文字，你确信这个人不会批评你，不会指手画脚，那就分享好啦。有时候人们会和治疗师、配偶或好朋友分享。一定要确保这个人能够接纳你和你的情绪。

日记示例

很多年前，在过一条车很多的马路时，我差点被车撞死。我还能记得自己穿着什么衣服，是向日葵颜色的连衣裙和淡棕色的鞋。多有意思，这类细节过了这么多年还记忆犹新。奇怪的是，我不记得碰撞的情形了。我一定走神了，因为我根本没看见有车开过来。几秒钟后我坐在马路中间，裙子上都是血，心里想我好笨，一定是摔倒了。之后很长一段时间过马路时，我都会怕得要死。想起这件事，想到那天离死有多近，我就会感到很脆弱。

内在向导

那天我和你在一起。我把你带出你的身体，这样你就不会记得车撞到你的腿，把你撞到空中的经过了。你不需要那段记忆，脸上的擦伤和之后几周的身体疼痛已经够你受了。我会一直保护你。你是上帝的孩子，尽管生活给了你教训，但你吸取了教训，变得更强大。你的任务是真正地理解它，爱自己和其他人。

听从内心的指引

表达真实的自我——你的真情实感、个人经历和洞见，可以成为一种精神修炼。事实上把写作作为修炼并不是新事物。12步计划中的第4步是一份手写的个人目录，这有助于培养真诚的态度和自我观察。心灵和灵性是写作过程的老朋友。伟大人物的日记，更不用说灵性传统的经文，包含着疗愈和启发性的文字，令人精神升华。东方超凡入圣的诗人，比如鲁米、迦比尔（Kabir）、哈菲兹（Hafiz），或者圣人，比如老子，以及西方的神秘主义者，比如亚维拉的德兰（St. Teresa of Avila）、圣十字若望（St. John of the Cross）和圣希尔德加德·冯·宾根（Hildegard of Bingen）都见证了写作具有超凡脱俗的作用。通过这种方式，我们可以让最深的理解与爱之泉以文字的形式，经我们的手喷涌出来。

让不可见变得可见

材料

日记本和毡头笔。

活动

1. 向你的内在智慧向导了解此时令你烦恼的事情。用惯用手写你提出的问题，用非惯用手写内在智慧向导的回答。

2. 给你内在的智慧与创意之源写一封感谢信或祈祷文。感谢它给予你所有的情绪，请它保佑你和这些情绪。随便用哪只手都可以。

3. 用惯用手写出你对表达性写作和它对你的生活的益处的思考与见解。

通过表达性写作来讲故事能够把潜意识世界里的形象、动作、色彩和声音带入文字的有意识世界里。通过文字，我们发现了内在智慧向导的声音，表达出真实的自我。这是真正倾听"内心寂静而微小的声音"的方法。

The Art of
Emotional Healing

第 9 章

面具人生，寻找不为人知的
另一面

第三部分　允许情绪穿堂而过

面具人格下的多个自我

心理学的很多流派认为，我们每个人都有一些子人格。人格的每个方面具有它自己的价值观、喜恶和情绪。每种子人格都会体现在我们的行为或我们扮演的角色中。克拉雷特（Clarette）有发展得很好的成功者自我、母亲自我、组织者、灵性追求者，但她完全缺失了寻求享乐者、艺术家和沙发土豆的角色。她过于负责任，慢性疲劳正折磨着她，她需要休息和娱乐。但是能让她休息、滋养自己的部分——寻求享乐者、艺术家和沙发土豆全被封闭起来。她否认它们和她有关系，当它们想表达自己的时候，她会觉得不安。只有生病才能让她停止工作，停止履行其他社区义务。卧病在床时，她会允许自己看看小说（她通常认为这是肤浅的），写写诗，这是成年后就被她忽视的天赋。克拉雷特内心对工作过度的抗拒表现为疲劳和疾病。但是用疾病来换取休息和自我各个部分的平衡，未免代价太大了。

对于像克拉雷特这样的人，我建议进行子人格探索，从根源上认识生活中明显的不平衡。我们不可避免地会发现一些子人格被忽视了，不被允许在这个人的生活中表达自己。它们迫切需要关注。

每个人的内在都有无限多个这样的子人格。无论研究荣格心理学、阿萨鸠里（Assagioli）的心理综合，还是哈尔（Hal）和锡德拉·斯通（Sidra Stone）的自我内心对话，我们都会看到相同的心灵画面。一群人物角色构成了我们的内在戏剧。

荣格认为，我们每个人的内在都存在着所有的原型，因为人类的集体无意识中包含着它们，因此我们能够理解和同情他人。我们都是由相同的原型材料组成的。但是当我们否认一些内在的人物角色和我们有关时，麻烦就来了，我们会出现心理学家所说的投射。我们认为，不可接受的情绪和特点会被投射到其他人身上，我们会对他们横加指责。内在的工作狂会批评重视和享受休闲时光的人。有时候，我们会在别人身上看到自己未被注意到的才能，陷入偶像崇拜。拖延者会崇拜表现出成功者自我的人。无论是哪种情况，我们摆在公众面前的都只是某些人格特质，而不是完整的自我。我们认为，别人具有某种人格特质，而我们没有。

子人格与情绪

在探索情绪时，子人格之所以非常重要，是因为人格的每个方面都具有自己的情绪和世界观。它们之间的差异很大，它们的价值观可能正相反，从而导致内在冲突。我们形容这是三心二意，或者犹豫不决，或者左右为难。例如成功者自我想完成更多事情，想做得更快。看一看如今打着手机、提着笔记本电脑的空中飞人，忙碌的日程表让他们志得意满。另一个方面，海滩迷期待悠长的假期，除了懒散地待在海滩上，什么都不干。如果成功者自我控制了一个人的生活，他或她就会精疲力竭或患上应激障碍，就像克拉雷特的情况。

有意识的生活包括知道自己所有这些方面。真正的戏剧是内在的戏剧：内在上演的所有人物角色的冲突和冲突的解决，还有混杂的情绪。当莎士比亚说"全世界是个舞台"时,他可能说的既是人的心灵,也是外部世界。

所以让我们开始寻宝,寻找携带着强烈情绪的自我的那些方面。通过想象的和书面的对话,你会了解有哪些子人格,它们有什么感受,它们需要你为它们做什么。在身体对话和创作艺术的背景中,你已经使用过其中的很多方法。现在你的探索将扩展到创造人物角色和让它们吐露心声。我们会从拼贴画和图像写作活动开始,然后进行面具制作和更多的对话。

制作面具一

材料

- 美术纸;
- 绘画材料或照片拼贴画材料;
- 日记本和毡头笔。

活动

1. 安静地坐着,聚焦于你想探索的情绪,可以是正困扰着你的情绪;也可以是你想培养的情绪,比如嬉戏的或快乐的;还可以是你想逃避的情绪,或是你希望能坦然面对的情绪,比如愤怒的或悲伤的。

2. 用非惯用手画一个能代表这种情绪的人物形象。你可以画在日记本上或画在一大张美术纸上,这由你决定。或者你可以用杂志上的照片拼贴出这个人物形象(如图9-1所示)。

图 9-1　用杂志上的照片拼贴出两个人物形象

> 3. 写出你对这个人物的访谈。用惯用手写你的提问，用非惯用手写这个人物的回答，采用对比色。可以提出如下的问题：
>
> - 你叫什么？
> - 你能说一说你自己吗？
> - 你感觉如何？
> - 你为我做了什么？
> - 你是否想让我为你做点什么？

例子

你是谁？有两个你吗？你能跟我说一说你自己吗？

跳舞女孩：我叫贪玩娜娜。我看起来像个成熟的女人，但其实我才五岁左右。我喜欢跳舞，喜欢参加派对，喜欢蹦蹦跳跳，喜欢滑旱冰，喜欢开心地玩，但是你很少做这些事。我想出来提醒你，让你知道你真正喜欢做的事情。

和泰迪熊在一起的女孩：我是小梦想家，是跳舞女孩的姐妹。我喜欢小睡，抱着我的泰迪熊，睡在漂亮的大床上。

女孩们为我做了什么？

跳舞女孩：我给你的生活带来玩乐和趣味。我知道怎么能玩得开心。没有我，生活会变得很枯燥乏味，沉闷无趣。

和泰迪熊在一起的女孩：我让你感到平和、宁静和安逸。我还知道如何梦想。

女孩们是否告诉了我，她们想要什么？

跳舞女孩：是的，我一直在告诉你。这个夏天你确实带我去滑旱冰了，但之后你就把这事给忘了。我不得不反复告诉你。你现在在上舞蹈课，这让我很开心。

你让我穿漂亮的衣服,我喜欢穿衣打扮,但我想更多地滑旱冰,我想让你找个可以一起滑旱冰的朋友。

和泰迪熊在一起的女孩:你有的时候让我小睡,舒服地蜷缩在床上,但通常你只有在很累的时候才这样做。有时候我还没出来,你就生病了。我想让你和我一起赖在床上,有时候睡睡懒觉,在床上过一个上午(周末的时候)。

制作面具,探索你的子人格

我最喜欢的探索子人格的艺术形式之一是制作面具,我们扮演的角色以及我们认同的子人格可以通过我们制作的面具鲜明地展示出来,这是一个找到尚未被发现的自我组成部分的好方法。简的例子很说明问题。简60岁出头。她的故事突出了黏土创作和面具制作的价值,它们能够带来人生的改变。

在40多岁之前,简是一位专职主妇、妻子兼母亲。因为患了威胁到生命的疾病,她做了手术。身体恢复之后,她开始第一次尝试黏土雕塑。她用的是妈妈给她的陶工旋盘和炉窑,她妈妈是位陶艺家。她说她"从一开始就爱上了黏土的感觉"。她还开始上瑜伽课,她说黏土和瑜伽的结合帮助她痊愈,也让她看到自己的婚姻已经死了,无法挽救了。她离婚了,开始了人生的新篇章。

简做了很多年的法律秘书和助理,所有的业余时间都投入了黏土创作。她成了一位技艺高超的陶艺家,展出并销售自己的作品。她曾想过把陶艺作为职业,但意识到这会涉及制造,会使产品比创意过程更重要。正如她所说,她决定不放弃白天的工作,但是这份工作不能给予她成就感。几年后简参加瑜伽闭关修炼,在用来预测的灵魂卡牌上看到了类似塔罗牌的图案。她抽了一张彩绘面孔的牌,预示着发现你自己的药(力量),允许它出现。一年后,在参加另一个工作坊时,她制作了一个面具，无意中发现她做的恰恰是前一年她从灵魂卡牌中抽出的那张彩绘面孔的面具（如图9-2所示）。这个面具会揭示出更多的发现。

简还为这个面具写了下面这首诗：

> 彩绘的面孔说，
> 允许自我之药呈现。
> 鼻孔张开，
> 呼吸就是生命。
> 闭上眼睛，
> 热情的内在视觉带来蜕变。
> 彩绘面孔说打开自己，
> 带来了改变、爱和疗愈。

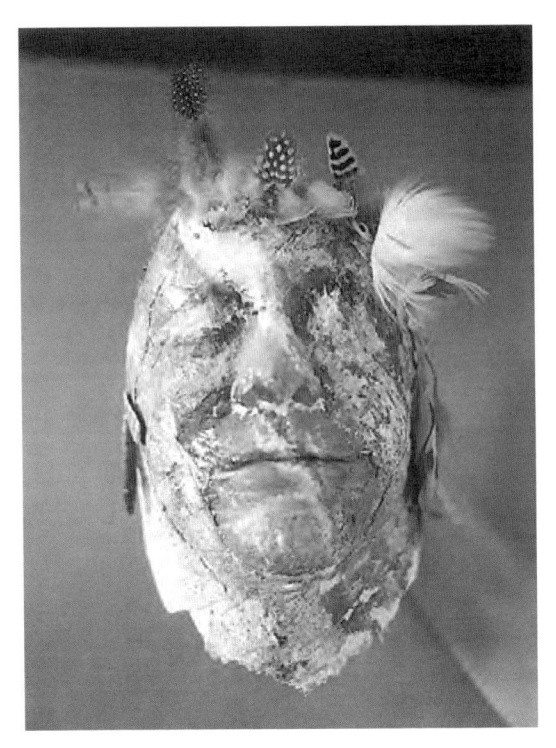

图 9-2 简制作的面具

一年后，她参加了夏威夷传统手触疗法的工作坊"冒险者萨满的方法"。在那里她了解了以身体为中心的心理疗法，接受了两年的治疗，清除了旧模式。大概就是在那个时候，她做了三个黏土小女孩。它们是她的内在小孩，表达的是恐惧、悲伤和孤独的情绪。这些情绪状态出人意料地通过黏土被表达出来。她发现恐惧和压抑感的根源一直存在于她的身心中。黏土揭示出这些长期的恐惧，简因此能够感受到它们，不再受束缚，不再停滞不前。被赋予了力量后，她可以继续前行了，她接受培训，最终成为一名身心治疗的从业者。她找到了她的药（力量）。当她在培训中开始治疗身体时，她的第一印象是："这好像是在捏黏土。"

制作面具二

材料

- 石膏布条（如 Activa 牌，在美术用品、工艺用品或爱好商店可以买到）；
- 涂脸用的凡士林；
- 一碗温水；
- 用来躺在上面的毛巾、清洁用的毛巾。

注意

你可以在整个操作区的下面铺一大张塑料布，这样纱布里的石膏就不会弄到地板或地毯上；需要有另外一个人塑出你脸的轮廓。如果没人能帮你，建议你选择其他制作面具的活动。

活动

1. 把石膏布条切成几英寸长的小段。在你的脸和脖子上涂满凡士林，躺在地板上，头和上半身下面垫着毛巾，旁边放一碗温水。

2. 协助者会把这些石膏布条贴到你的脸上（如图 9-3 所示）。他先把石膏布条沾水，拧掉多余的水分，然后在你脸上铺几层石膏布条，留出眼睛的部位。当面具在你脸上成型后，再躺半个小时左右，让石膏硬化（如图 9-4 所示）。

3. 石膏变硬后，轻轻地把它从你的脸上取下来，放在一边进一步晾干（如图 9-5 所示）。最好在继续操作之前，比如在上面涂色或贴图等，你应该多等一会儿，让它变得很结实、很干燥。最好晾干几个小时或一晚上。

乌云会来，也会去
The Art of Emotional Healing

图 9-3 协助者把石膏布条贴到你的脸上

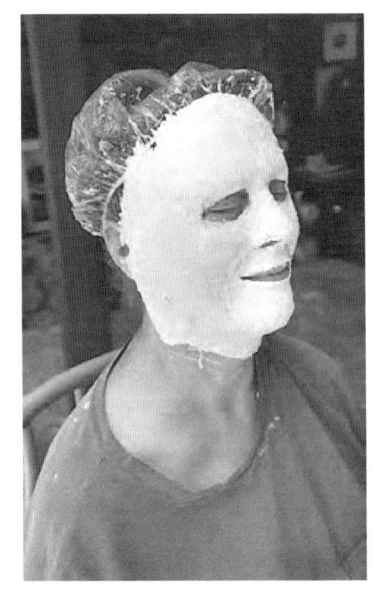

图 9-4 躺半个小时左右让石膏硬化

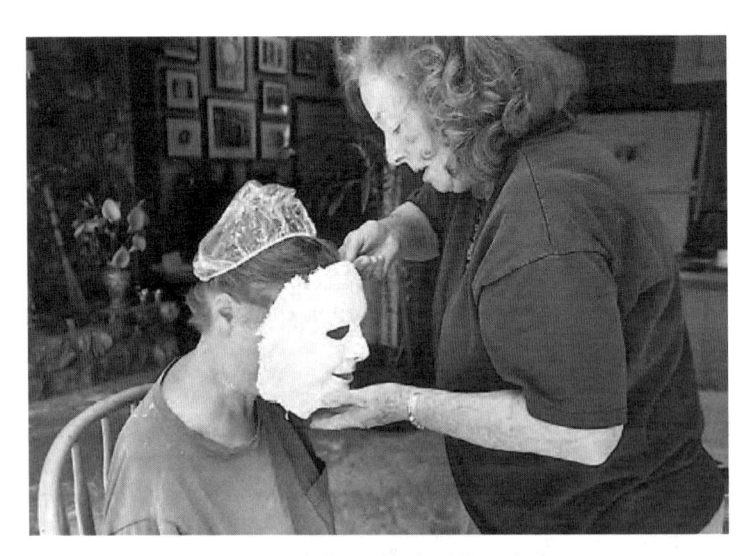

图 9-5 石膏变硬后轻轻地取下来晾干

制作面具三

材料

- 小瓶蛋彩颜料（六到八种颜色）或一盒水彩颜料；
- 画笔；
- 一罐水；
- 白色液体胶（比如 Elmer 牌的液体胶）；
- 拼贴画材料（绵纸、丝带、彩纸、玻璃纸、纱线、碎纸片、布料、羽毛、杂志照片等）。

活动

1. 在石膏面具上涂色和装饰。你还可以在上面拼贴不同颜色和形状的材料，在脸周围用纱线、玻璃纸、布料、羽毛、纸等做出头发或其他元素（如图 9-6 所示）。

对面具的思考

喜气洋洋

快乐的重生

收获所有诞生与重生的果实

螺旋上升

开放

开花

一次开一个花瓣，一朵花

图 9-6　在石膏面具上装饰

2. 完成面具后，安静地坐一会儿，想一想。照着镜子，戴上面具。

3. 在日记本上：

- 用惯用手写一首关于这个面具的诗或一段相关的文字；
- 用非惯用手，用第一人称写出面具想说的话，"我是……我觉得……我想……"；
- 是否产生了什么情绪？勾起了什么回忆？或者和其他经历相关的联想？用惯用手写一写；
- 你对这个面具有什么感想？它描绘的是你的自我的哪些部分？

4. 把面具摆在适当的地方。在日常生活中以你觉得恰当的方式重视、礼遇面具代表的那部分自我。

5. 让别人给戴着面具的你拍张照片。

黑暗与光明之女

这张面具说："我有两个部分：作为老师、职业女性，我有阳光、快乐、外向的天性；但同时还有退隐、内向、让人感觉深刻的性格。"艺术家的自我就在这里。她躲在黑暗中，神神秘秘，我让人捉摸不透，但是没有她我会感到迷茫。她还具有疗愈的力量，她是萨满（如图9-7所示）。

图9-7 有两个性格部分的面具

> ## 其他应用
>
> 活动
>
> 用制作面具的方法，你还可以做以下事情。
>
> - 制作内部和外部的自我面具。装饰面具两个面：外面是你展示给世界的面孔，里面代表了你的私密情感。
> - 通过面具表达你生活中的冲突：把面孔分成不同的部分，或者用面具的里面和外面代表冲突的双方。
> - 制作一个情绪面具，这种情绪令你困扰。你可以为它设置一个小祭坛或神圣空间，用来表示对它的尊重。让你的创意自我帮助你修复你和这种情绪的关系。
> - 明确你想培养哪部分自我，创作一个代表这个部分的面具，就像简的彩绘面具，预示着她会发现内在的身心治疗师。

简单面具的制作方法

正如前文中提到的，如果因为没人帮你，你做不了石膏面具，那么你可以用以下材料做非常简单的面具。它们不必符合你的面孔轮廓，但通过涂色和其他装饰元素也可以带来很多启示。

以下是面具制作可以选用的其他材料：

- 纸板；

- 可以套在头上的大购物纸袋；
- 硬纸板、广告纸板或剪切成你的脸大小的火车票用纸板；
- 图画用纸或厚美术纸；
- 工艺品商店里卖的现成的空白面具。

在下一章中会有一个关于纸袋面具的精彩例子，那个纸袋面具出自克里斯蒂安之手，他是一名应对恐惧和愤怒的男士。

以下是苏珊对制作面具的过程的思考：

尽管我对制作面具感到非常兴奋，但也能感觉到内心有点抗拒。直到做面具的前一天晚上，我才开始在这上面用心，而且我完全搞错了。工作坊的前一天晚上，我花了两个小时收集材料和创意，然后我就上床睡觉了，我觉得我很清楚要做什么。

我做了一个关于面具工作坊的梦。蜘蛛一直代表我的恐惧，梦里出现了很多蜘蛛和蜘蛛网。在过去几年里，蜘蛛变小了，蜘蛛网陈旧，长期闲置在那里。有时候蜘蛛很有趣，需要安慰，或者毫无恶意。

我的梦境是：

我在一栋老房子里，每个房间里都布满了陈旧的、闲置的蜘蛛网，只有几只很小的蜘蛛在上面徘徊。房子里有一个身体笨重的老女人，她不敢走出来。她卑鄙的丈夫想让她待在房子里。我挥刀砍他，他也挥刀砍我。这时老女人变得强壮起来，抓住我，我能感觉到她非常强壮。

在工作坊里我做了一个面具（如图9-8所示）。面具一做完，我马上想到了"黑巫师"这个名字。我用惯用手把这个名字写下来。

这个面具代表强大、危险、性感的女人——她的力量来自女性的美丽，孤独保护着这位年轻、有魔法的女巫医。

她代表所有隐藏的部分，心灵和肉体在她身上汇聚，她把情绪深埋在心里，外在的表现就是性感。

隐藏　　你自己的秘密活动

力量　　拥有你的力量

生命、美丽、神秘、黑暗、愤怒、勇敢、平静

用左手写的：

我很强大，充满了力量，我很勇敢；我比你聪明；我很聪明；我不可爱；我有智慧；我获得了我想要的东西。

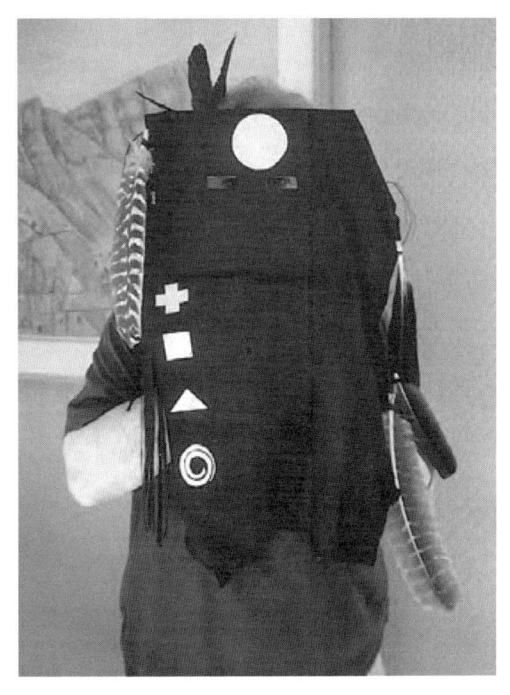

图 9-8　苏珊用布盖住硬纸板做成的黑巫师面具

土地、黑暗、空虚、死亡

这个面具代表了自我发现的漫长旅程的顶点。承认自己完整的存在，包括弱点和优势。向前一步，占据自己应有的位置，说到做到，做清醒、真实、有魔力的人。

我拥有强有效的药（力量），这需要你索取这种力量，我曾很多次放弃。这一年发生了很多促使我更充分地认识这部分自我的事件，也促使我尊重她。

我非常喜欢我的面具。

以面具为媒，了解不一样的自我

当你开始探索三维的艺术表达时，会让你感到惊喜的不只是你对自己的发现，

还有你对艺术材料的发现。这些都是你的内在小孩很喜欢的活动。

若干年前我在和病魔做斗争，朋友们从巴厘岛给我带回来一个非常特殊的礼物，那是一个笑脸面具。当时我非常抑郁，一直萎靡不振。看一看这个面具让我感觉好一些。我决定把它放在壁炉架上，这样每天都能看到它。它就在观音像的旁边（观音代表女性的慈悲和慈祥的母亲），散发出欢乐和好心情。它提醒我想到生活中光明的一面，在患上如此消磨人的疾病后，这变得很困难了。我把它看作"面具疗法"，它有助于我振奋精神。我相信巴厘岛的面具制作者将某种强大的萨满魔药传递到了这件精美的艺术品中。

> 尝试用"制作面具"活动或其他制作面具的方法来充分表达快乐的、喜悦的、嬉戏的情绪。

收集不同文化的面具是获得创作灵感的好方法。我的收藏包括：

- 印第安维乔人的珠串太阳/月亮；
- 表现澳大利亚原住民萨满的面具，它出现在一个朋友的梦里，这是一个有关我的病和治疗的梦；
- 艺术家、朋友兼合著者佩吉·范·佩尔特（Peggy Van Pelt）特别为我制作的两个生日面具；
- 意大利陶瓷太阳/月亮面具；
- 威尼斯狂欢节上用的彩绘皮面具；
- 木制黑色佛陀面具；
- 印度教象鼻神加内什的混凝纸面具。

我的收藏也许能让你对自己应该收集什么样的面具产生一些想法。思考面具的个人意义，它们代表什么，传递什么情绪，这能启发你创作出自己的面具。很多面具艺术家似乎深入领悟了跨文化、跨距离，甚至跨时间的普遍的情绪。参观墨西哥萨卡特卡斯（Zacatecas）最大的面具博物馆让我认识到，共同的线索将所有人团结在一起。克利夫兰美术馆（The Cleveland Museum of Art）也收藏了来自各种土著文化的面具。当然，面具之城是意大利的威尼斯，那里一些商店专门出售面具。看着这些面具，我们会意识到来自各种种族、肤色、教义或国家的面具蕴含着共同的人性。

通过内心对话探索自我

我发现哈尔和锡德拉·斯通设计的自我内心对话是探索子人格的好方法。通过采用他们的方法，治疗师或帮助者会和子人格进行访谈。这些子人格被称为"声音"，它们占据房间中不同的位置。它们用第一人称表述，一次一个子人格。这种方法从"感知自我"（也就是自我中的决定者）开始，然后探索围绕着它的其他自我。这样做的目的是培养感知自我的意识，让它处于决策者应该在的位置。就像董事会的主席，感知自我必须做决定，比如从事什么工作、租什么房子、跟谁结婚，等等。忽视或否认任何一个自我（或声音）都会招致情绪灾难。这就像董事会主席忽视其他成员的意见和顾虑。

没有被我们邀请到心灵内部圆桌上的自我会在外面，无意中在制造着麻烦。对睡美人施魔法的黑暗仙女就是没有被邀请参加公主洗礼仪式的仙女。因为生气自己被忽视，她对整个王国施了魔法。在现实生活中，当一部分自我被忽视时，它们会通过出其不意的情绪爆发、抑郁症或与压力有关的疾病来引起我们的注意。忽视自我中的一些部分会让我们自己陷入危险。

作为受过训练的自我内心对话帮助者，我把这种心灵写照用作我自己的表达艺术治疗的理论框架。我一次又一次地看到当人们在房间各个位置找到自我的很多部分时，他们所发生的蜕变。自我内心对话使我们能够意识到主要的自我（占主导的子人格）和静默的自我（被否认的子人格）。通过重视每一个子人格，我们能够了解它们对我们的作用。这种意识是成为更完整人类的捷径。它还能修复不良的人际关系。在承认我们主要人格的同时，也学着接纳被隐藏的自我，一定会改善我们与他人的关系。自我内心对话非常适合在家庭和工作团队中实施。它有助于消除我们对他人的投射。我强烈建议按照哈尔和锡德拉·斯通的书去做，应该按顺序来读这些书，先读《拥抱自己》（*Embracing Our Selves*），再读《伙伴关系》（*Partnering*）。

The Art of
Emotional Healing

第 10 章
———
幸福就在转念间，做自己情绪的主人

还记得那则一个人错把绳子看成蛇的故事吗？他扭曲的知觉引起了情绪和身体的反应，就好像真的存在危险一样。当他看清楚之后，想法改变了，情绪和身体的反应也随之改变。这同样适用于我们对自我的信念，如何看待自己决定了自我的感受和人生经历，我们可以通过改变想法来改变生活。

对自我消极的想法会影响我们的情绪和身体。局限的态度会让我们感到疲劳，未老先衰，严重妨碍我们的人际关系和生活。这样的态度会让我们变得封闭。在本章中，我们会探讨带有消极态度和信念的子人格。我说的消极信念指的是会让我们觉得自己不胜任，比真实的自己或我们想成为的人差的想法。这样的想法会妨碍我们目前的价值观、目标和真实的愿望。在本章中，你会用到你已经体验过的所有表达艺术形式。你将检视对你不再有利的信念，学会如何摒弃它们。不止如此，你还将开始创造充满情感、能够梦想成真的生活。

通过清理思想来清理情绪

思想中容纳着会影响我们生物化学过程和情绪的信念和态度。我们对自己的看法影响着我们的选择和行为。积极的信念令人精神振奋，鼓舞我们，给予我们活力。亨利·福特（Henry Ford）曾说过："你觉得你行，你就行。"沃尔特·迪士尼（Walt Disney）也常常说："只要有梦想，你就能实现它。"我们都会用这样的俗语："有志者事竟成"，或者我们认为心灵胜于物质。医学研究已经证明了心理的力量，这种效应被称为安慰剂效应。在很多研究中，研究者让被试喝的是白水或吃的是糖丸，但让他们相信自己服用的是药物。相当大比例的这类被试真的出现了改善，甚至疾病被治愈了。这说明了信念的力量。

医学研究还证明，积极的态度能治疗我们的情绪和身体。卡尔·O.西蒙顿（Carl O.Simonton）博士突破性的研究发现，疾病治愈最重要的预测因素是病人积极的展望。之后很多研究显示，具有自我效能感或者相信更高的疗愈力量的病人比没有这些信念的病人更有可能从威胁生命或令人衰弱的疾病中康复过来。

很多年前我见证了对自我的信念如何影响了行为。一位受过虐待的中年人一直存在严重的口吃问题。他是一位很有才华和能力的艺术家，读到了有关自我内心对话的介绍，于是想亲身体验一下。在工作坊中，他内在的艺术家子人格开始说话。他没有意识到他的口吃消失了，就好像有魔法。在这次内心对话结束时，他被告知他的内在艺术家子人格非常能言善道，说话时不会支支吾吾。他回想一下并意识到真是这样，这令他很吃惊。

后来通过讨论，这个现象变得可以理解了。这位才华横溢的艺术家非常热爱绘画，对自己的作品很有信心。在进行艺术创作时，他不会感到遣词造句的压力，因为这些活动不需要使用言语。他会很放松，用线条、形状、色彩和纹理的语言来表达，难怪他内在的艺术家口才很好。这个子人格能够用非言语的方式进行很好的表达，而且多年来一直是这样做的。它对自己感觉良好，但不得不和别人说话的交谈自我就不是这样了。

在帮助来访者进行自我内心对话时，我一次又一次地看到人们身体中不同的能量，看到子人格的信念和世界观如何影响着情绪和身体。例如，当一个人说话时采取的是挑剔的、完美主义的工作狂子人格时，他就会显得比较老；相反，内在小孩无疑是年轻的。经常接触到内在小孩的人会变得年轻，在日常生活中会变得更放松。

在这本书之前，我还是写有两本书《另一只手的力量》(*The Power of Your Other Hand*) 和《恢复你的内在小孩》(*Recovery of Your Inner Child*)，有一张我欢快地滑滑板的照片。当时我已经39岁了，刚刚学习滑滑板。每个看到这张照片的人都会说："照片上的你看起来只有15岁左右。"我的回答总是："当然，你看到的是我的内在小孩。"但是为了踏上那个滑板，更不用说以我的年龄当众滑滑板，我不得不彻底改变我对自己的看法。

为了让我的内在小孩走出来，获得她想要的乐趣，我不得不面对爱批评的父母自我，应对父母自我对我自己、对我在生活中的角色的看法。我还不得不克服家庭和社会给我规定的态度。持有这些限制性信念的是内在批评者，它告诉我像我这样年龄和地位的人不应该当众滑滑板。"如果你所在大学的学生看到了怎么办？"它诘问道，"如果大学的管理者看到你像孩子一样的行为怎么办？如果来访者看到你滑滑板怎么办？他们会怎么想？毕竟滑滑板是少年的活动，不适合大学毕业生，不适合治疗师、老师和青春期孩子的妈妈。"

另一个关注生存的父母自我预测说，我会摔倒，伤到自己。难怪我告诉妈妈我开始学滑板时，她的第一反应是："我的天啊，你会摔断什么的。"我自己头脑中过分谨慎的声音最初是我妈妈培养出来的，她会过度保护孩子的安全。她的初衷是好的（就像我头脑中那些过度保护的声音），但它们限制了我顽皮的、爱冒险的子人格的充分表达。

在日记中对抗我内在的父母自我，使我能够走出来，当众玩滑板。整个过程很辛苦，但值得付出这些努力。结果我富于冒险和创意的部分在生活其他方面也获得了很好的发展。在我开始滑滑板期间，我完成了我的第一本书。我还有生以来第一次上了舞蹈课。我鼓起勇气把自己的手稿寄给出版社，最后真的出版了。像允许自己学滑板这样简单的事情促成了我人生中的重大飞跃，使我成为喜欢玩乐的人，成为具有创新精神的专业人士。我曾担心在别人看来自己很蠢，曾害怕会跌倒，伤到自己。在克服这些担心和害怕的过程中，我培养了内在力量，这种力量在生活的很多方面都会对我有帮助。

思想的改变

在以有意识的方式锻炼思想的力量时，我们便获得了生活的掌控权。我们可以选择我们的方向，而不是任由某种子人格的左右。为了驾驭思想的力量，以下是一些你需要注意的原则：

- 你的看法和态度会影响你的情绪和身体；
- 你能够探究自己具有怎样的信念（有意识的或无意识的）和子人格；
- 你有能力用积极的、自我肯定的看法和态度替代消极的、自我挫败的看法和态度；
- 通过培养有利于梦想的子人格，你可以形成有助于你实现愿望的新信念。

为了采取更有建设性的信念，首先你需要知道你对自己的看法。你的很多看法是无意识的，非常根深蒂固，以至于你都不知道它们是什么。你最初的信念和态度是童年时父母、老师和其他权威人物教给你的。例如，因为害怕受伤而躲避所有冒险就是大人教给我的。小时候别人还告诉我，我的动作笨拙，不灵活。所以内在挑剔的父母记录了这些信息，形成了这样的看法：你永远不应该进行身体的冒险，因为你很笨，一定会摔倒受伤。结果就是长期害怕各种体育运动或可能导致受伤的活动。虽然符合现实的谨慎是有益的，但过分担心受伤会限制我们对生活的享受。过度的限制依然是消极的自我意象，表示我们没有能力做某事。我的情况就是这样，直到后来我开始重新教育自己，改变了我的信念和行为。然后我遵照内在小孩的意愿，学习跳舞、滑滑板，从事其他符合新的自我意象的活动，在新的自我意象中，我身体强健，动作曼妙。

成年人把他们的世界观教给你，就像把现成的路线图或人生脚本给了你。家庭、学校、教会或寺庙、媒体把你应该是怎样的人，应该怎么想，应该相信什么和应该怎么做灌输给你。在成长过程中，你还会根据自己的人生经历和看法总结出世界是怎样运转的。

当旧的人生脚本和你的天赋、某个时期的深切渴望不匹配时，就会产生冲突。你有多少由衷的愿望永远无法实现？可能妨碍你的就是你对自己已经过时的看法。

有些消极信念是无意识的，有些是有意识的。无论怎样它们都是可以改变的。你拥有选择权。基于你现在是谁和你想成为谁，你可以规划出独特而真实的生活。这涉及重新学习的过程：思维和心灵的改变。这还意味着认真倾听你的情感。通过重视你的真情实感，你可以创造出对自己的新态度、新看法，还可以创造出新梦想。

心灵的改变：滋养你自己

在学习监控消极的自我对话和改变消极信念之前，你需要找到内心积极的、有建设性的声音。这部分的你就在那儿，但需要你意识到它，接近它。它就像我们内在慈爱的父母，它爱你，无条件地接纳你的情绪和孩子般的自我。这部分的你负责你已经具有的对自己的积极看法。也许你对自己的烹饪技艺、组织能力或倾听能力感到骄傲。这些来自滋养自我的积极信息让你对自己感觉良好。这部分的你支持你的愿望和梦想，鼓励你追随自己的内心。

付出我所有的爱

材料

日记本和毡头笔。

活动

1. 用惯用手在日记本上用第二人称给自己写一封情书。这封信一定要发自心里最有爱、最有培育力量的部分。在信里要表达对你自己的感谢。你可能想提一提你已经有的才能和品性。写一写你克服困境，在困境中成长的经历如何？

可选的做法：朗读这封情书，把它录下来，然后播放给自己听。

2. 把你可以做的自我滋养性的事情列出来：

- 你喜欢的活动；
- 照顾、培养你喜欢与之相处的人或宠物；
- 待在你觉得舒服或开心的地方。

把这些事情安排到你的日程中，以免它们因为"更重要的"事情而被忽视或搁置。

例子

亲爱的自我：

我想让你知道，我有多爱你。你的勇气和热情温暖我的心。你经历了人生中的很多考验，每次都能战胜困难。我知道有时候你会失去对自己的信心，尤其是当内在批评者批评你的时候。但是我想提醒你，你有多么可爱，多么有价值。其他人知道这一点，总是对你这么说。但是我想让你感觉到这一点，在内心深处真正感受到它。

滋养我自己：

- 在大自然中散步；
- 看日落；
- 跳舞；
- 悠闲地长时间泡澡；
- 听音乐；
- 欣赏好看的电影；
- 和朋友一起吃饭；
- 去美丽的地方旅游；
- 和朋友、和我的猫在一起；
- 在海滩上流连；
- 在附近的群山里开车。

情绪的断舍离

一旦我们开始倾听并重视我们的真实情感,我们就准备好了反驳那些限制性的消极信念。但是怎么识别这些信念和看法呢?其中一些是无意识的,我们甚至都不知道它们的存在。一种方法是查看长期的阻碍、沮丧和情绪痛苦。就像身体疼痛背后有被埋藏的情绪一样,我们有害的想法通常是长期情绪痛苦的根源。换言之,我们的信念常常决定了我们的感受。不断出现的情绪往往是不利于我们的某个信念的症状。

一位女士的忧郁和无助感如影随形。它们就像流沙一样不断把她往下拉。她深陷其中,不知道摆脱掉它们的生活会是什么样。这就像生活在没有门或窗户的房间里,她没有见过阳光。直到她摆脱了旧的包袱,这一切才改变。旧的包袱就是陈腐、有害想法和消极的自我对话。她的做法是直面携带着有害信念的子人格:批评者、完美主义者,无情地驱使她更快、更卖力地工作,但一直说她不够好的催逼者。通过用两只手写出和子人格的对话,她改变了自己的想法。

很多思想流派教我们只需要找到自己有害的旧想法,并用健康有益的想法替代它们就可以了。例如,把"我自己开创公司永远都不会成功"的想法替换为"我具有成功创办自己的企业所需要的才能和支持"。尽管这种练习很有价值,而且在我早期的书里介绍了这类方法,但我发现只有这种方法本身是不够的。我们必须解决消极的自我对话引起的残余情绪。把积极的陈述强加给有害信念的情绪反应就像冰镇烤焦的蛋糕。新的积极陈述听起来很好,但依然积聚在底层的情绪怎么办?

还有另外一个问题。如果我们不把携带着消极的自我对话的子人格发掘出来,它会形成新的消极信念。或许我们不能成功创办企业的信息被替换为其他消极的话"你不够超凡脱俗"或"你永远学不会正确的冥想"。当发生这种情况时，你可以确定新的批评者或个人成长催逼者正在蠢蠢欲动。新的和旧的有什么区别？依然是批评的声音，告诉你你多么不胜任，永远都不够好。

找到头脑中挑剔的父母，给它设定界限，就好像连根拔除野草。如果不找到头脑中挑剔的父母，那积极肯定的陈述就像只是割掉地面上的野草。它们还会长出来，可能换种形式出现，但一定会回来。

挑剔的父母的消极自我对话是内在家庭动态关系的一部分。如果我们能找到产生并维持消极信念的子人格，改变这些信念就会更容易。识别头脑中挑剔的声音并设置限制的部分结果就是思想的改变。它也是加强内在滋养性、保护性父母的结果。这样的父母帮助我们改变心灵，保护我们不受内在挑剔的父母的攻击。

永远不要忘记在消极的自我对话的背后是我们自己头脑中挑剔的父母。正是它告诉我们，我们不够好，永远都不会好。是否摆脱它的束缚完全取决于我们自己。它拥有我们给予它的力量，我们应该收回我们的力量。

这并不是说所有消极的自我对话都会被永远清除。这不是事实。内在挑剔的父母会一直和我们在一起。这是人类状况的一部分。获得了这个发现后，我开始提出这样的问题：内在批评者的意义是什么？它有什么益处吗？为什么所有人似乎都有内在的批评者？在自我对话中，我被告知挑剔的父母就像电影《粉红豹》（*Pink Panther*）中的加藤。加藤是克鲁索大侦探雇用的一位武术大师，侦探测试他在一些最不合时宜的时刻的警觉性。加藤从后门、从衣柜里、通过窗户猛地扑向克鲁索。加藤的出现总是出其不意。他必须如此，否则这就根本不是测试了。

一开始我们头脑中批评的声音是一种生存机制。它说："遵守规则。做到完美，不要犯错。不要冒险。"但是当它开始抹杀特点——指责我们最重要的特性，使我们为之感到羞愧时，它就越界了，变成了挑剔的父母。我们是否能制止它破坏我们的自信和自尊？我们是否能给它设置限制？我们能否让它待在它该在的地方？这是对我们提出的要求。当我们在挑剔的父母的苛责中畏缩不前时，我们就放弃了自己的权力，将力量和热情隐藏了起来。我们会变得没有活力、病态、抑郁，时常有悲伤、恐惧、焦虑、愤怒等情绪。我们会感到不恰当的内疚和羞愧，不是因为我们做了什么，而是因为我们天生的本质。

我们的任务是发现源自内在挑剔的父母型子人格的消极自我对话，不认同它，获得控制权。我们的做法是用第二人称把它的话写出来。比如写"你很蠢"，而不是写"我很蠢"。只要我们对自己说"我很蠢"，就认同了批评的态度。写"你很蠢"可以让我们和内在批评的声音拉开距离，因为听起来那是来自别人的贬低。他们说"你很蠢"这类的批评，把这样的想法根植在我们的头脑中。如果使用第二人称，我们会把内在挑剔的父母看作来自外界的声音。

不认同内在批评者的方法之一是回顾童年最初出现消极的自我对话时的情形。在接下来的活动中，你将回到童年，仔细审视你从权威人物——父母、监护人、年长的成年人和兄弟姐妹等那里听到的有关你自己的消极信息。我们在寻找抹杀性格特征的消极自我对话，在这些对话中，你被指责，感到羞愧，觉得自己不够好或完全没有价值。寻找和下面例子类似的话：

- 你是个懒惰的废物；
- 你是个失败者；
- 简直是个白痴；
- 你将一事无成；
- 你怎么能这么蠢？

- 你有没有脑子啊?
- 你什么都不是,只是一个被宠坏的孩子。

"你忘了打扫你的房间"这样的话,不属于消极的自我对话,因为它们只是陈述你的行为;相反,"你是小区里最脏的孩子,你没希望了"就是在攻击你的性格特点。这些信息会在我们的心灵上留下深深的伤疤。关于这个主题,拜伦·布朗(Byron Brown)写了一本很有价值的书《无须羞愧的灵魂》(*Soul Without Shame*)。

有些批评比较含蓄,比如把你和兄弟姐妹或邻居家的孩子进行比较。你会觉得"比别人差"。这可以检验你是否遭受了评判。因为你感到被贬低了。

注意:就像本书中的其他活动一样,如果活动让你想起过去受到的严重虐待,引发了你无法承受的情绪,那么立即停止。这说明你需要专业人士帮助你处理这些问题。

疗愈过往一

材料

　　日记本和毡头笔。

活动

　　1. 用你的惯用手给内在小孩写一封短信,告诉它你要追溯童年受到伤害或感到痛苦的时候。它们可能是令人恐惧的时刻,在记忆中追溯会引起强烈的情绪。向内在小孩保证,他并不孤单,你会爱他,保护他。

　　2. 回顾童年,回忆小时候让你感到被贬低的信息。用惯用手把它们写在日记本上，就好像在转录某人对你说的话：

- 你是世界上最邋遢的孩子；
- 你一定是学校里最笨的孩子，看看这张成绩单；
- 我不敢相信你这么笨手笨脚，你算没救了。

3. 从清单上选出一条信息。用非惯用手画出小时候的你和对你说这话的人。换句话就是，这是贬低你的人的肖像。在这幅肖像的旁边画一个泡泡对话框。在对话框里用惯用手把这些消极的话写出来。

4. 在你小时候的画像旁边，用非惯用手写出你听到这些话时的情绪感受。

5. 在另外一页上让画中的孩子说一说这样的对话让他有什么感受，用非惯用手，以现在时态写出这些感受。你也可以写出想到的任何感受或洞见。

图 10–1 受到了黑暗、邪恶力量的控制

例如，克里斯蒂安 40 岁出头，画了在他童年时反复出现的场景（如图 10–1 所示）。他的小孩自我正在受到父亲的攻击，他父亲在大发雷霆。在这个小男孩看来，爸爸好像被邪恶的魔鬼附身了（图 10–1 右上角的黑色脑袋）。首先是爸爸的大声谩骂，然后是责打。

在打男孩之前，父亲传递的消极信息是：

- 你这个没用的小孩，别藏了；
- 你在哪儿？

- 马上出来。我要好好教训教训你。

我（克里斯蒂安）的感受：

- 绝望，绝望；
- 没有人能救我；
- 恐惧，害怕得要死。

看着图 10-1 这幅画，在表达出内在小孩对爸爸打我的感受之后，我意识到我在那些时候被吓呆了，恐惧一直伴随着我。每当爸爸情绪激动，粗声大气时，我就会突然感到很恐惧。事实上，即使现在，如果有人愤怒地大声说话，我也会感到恐惧。身体中的各种警报会突然响起。虽然他现在已经老了，但我依然会有小时候他大发雷霆时的恐惧感。

疗愈过往二

1. 在另一页纸上用非惯用手，写出内在小孩在图 10-1 中情景中希望听到的话。然后用惯用手写出你的任何评论。
2. 对疗愈过往一中所有的贬低性话语重复这个过程，你可能需要几次才能完成。

例如，我发现在我做事粗心或违反某些规则后，爸爸会打我。在这一时刻，我希望爸爸说：

- 听着，儿子，我们已经私底下谈过了。现在让我们开诚布公地谈一谈。
- 我爱你，但你不能做那样的事情。我来解释一下。当你……它会影响其他人。你有可能伤到别人。你还是个孩子，常常不考虑自己做了什么，对别人有什么影响，但是你的行为一定会有后果。
- 我知道你心地善良，但你不能做完这样的事情而不付出代价。
- 我希望你知道，我会无条件地爱你。

评论（惯用手）：

- 现在我看到我是爸爸内在小孩的替身。在打我的时候，他其实在打他自己。他把从他爸爸那受到的伤害传递给了我。当我爷爷发怒时，整个家都在颤抖。
- 我意识到我可以打破这种恶性循环。我可以和内在小孩建立联系，给予它未曾得到的爱和保护。现在我可以请它从藏身处出来，让它说出它的心声。我应该像尊重我的成年自我一样尊重它，它也有自己的需求和愿望。

摆脱旧模式

了解消极的自我对话源自什么地方是很重要的第一步。但是为了不让这种自我批评一直持续下去，你一定要了解如今内在挑剔的父母会如何表达这些消极信息。比如，旧的说法是"你的房间一团糟，你真是个邋遢的懒鬼"，现在的说法是"看看你的办公桌，乱七八糟。你也算职场人士？我知道你总是又懒又不负责任"。

监控这些具有自我破坏性的信念是关键。把它们公开出来并安置在它们应该在的地方，能够降低它们对自尊的影响力。当你收回了自己的力量，长期的情绪反应就会开始消退。其中一些情绪是恐惧、抑郁、愤怒、沮丧或冷漠（受阻的情绪）。在接下来的活动中，你将学习如何监控你的消极自我对话。

跟踪

材料

日记本和毡头笔。

活动

1. 在日记本跨两页的页面上写下人生这个阶段你传递给自己的贬低信息。用惯用手把它们写在左边一页上。

2. 重读每一条信息。在右边一页上对应着每一条贬低信息，用非惯用手写出阅读它们所引起的情绪。

3. 在新的一页上告诉内在批评者，这种消极的对话让你有怎样的感受。用非惯用手写出内在小孩想说的话。你不必礼貌，一定要说真话。然后用惯用手写出对于内在挑剔的父母，什么是可以忍的，什么是不可以忍的。

4. 在日常生活中，留心头脑中自我批评的声音（详见表10–1）。你会注意到当你感到疲惫、暴躁或抑郁时，情绪背后存在着某种消极的自我对话。一旦注意到，就要去认识它。你应该和它进行日记本上的对话。

再次读完这些信息后（用非惯用手写）：

- 我讨厌听你这样跟我说话，就好像我还是个淘气的小孩；
- 我讨厌这样，现在给我停下来。

表 10-1　　　　　　　自我批评的声音

消极的自我对话	表达的情绪
你毫无价值	愤怒
你一点不可爱	伤心
你将要面临灾难	恐惧
你整天制造麻烦	怨恨
你这辈子将一事无成	绝望
你不配活着	无助

用惯用手写：

- 你自动地说出这些话；
- 你在我脑袋里不停地嘀咕，这一点帮助都没有，只是让我厌倦、忧郁，就像我在我妈妈身边时一样，她还是那样跟我说话；
- 我会留意你什么时候又开始胡说八道，我会让你闭嘴；
- 你可以把你的批评能力用到其他地方，比如修改报告等，但我希望你不要再贬低我。

改变你对情绪的态度

除了检视和改变自贬的想法之外，检视你对某些情绪的评判也很重要。孩子被教导勇敢的男孩不哭，淑女从来不发火，他们会因此把某些情绪视为不可接受的，或者对他们的性别、种族、阶级、经济水平、宗教等来说是不得体的。正如我们在前面章节中看到的，令人不快的情绪不会消失，只是潜藏了起来。

我们抗拒的事情会一直存在。当在别人的教导下,我们学会逃避、批判某种情绪时,我们很容易被困在这种情绪或相反的情绪中。我们长期在这种情绪状态下回应生活中的事件,或者掩藏这种情绪。暴怒狂害怕软弱和脆弱,对一切的反应都是愤怒,乱发脾气让他们感到舒服、有力量。通常被隐藏起来的是脆弱的情绪,比如恐惧、悲伤或悲痛。

我对情绪的看法

材料

日记本和毡头笔。

活动

1. 在日记本中用非惯用手列出你小时候习得了哪些对情绪的态度。哪些情绪可以表达?哪些情绪不可以表达?

2. 在另一页纸上列出如今你经常感到难以应对或让你不舒服的情绪。

我习得的对情绪的态度:

- 不应该有情绪,一定要理性;
- 情绪让你软弱;
- 情绪会威胁生命;
- 男人不应该有情绪。

现在我最常感受到的情绪是:恐惧。

评论:

- 我害怕情绪。我被洗脑了,认为作为男人,我不应该有情绪。

- 唯一的出路是将我自己和我的情绪联结起来，发现它们，让它们进入我的生活，给予它们应有的位置和空间，以开放的心态欢迎我的情绪。

第 9 章中的制作面具活动是勇敢面对让你感到不舒服的情绪的有效方法。这些情绪可以是你的情绪，也可以是其他人表达的情绪。这些情绪让你不舒服或非常害怕。

直面情绪

材料

- 大牛皮纸购物袋；
- 蜡笔、和马克笔；
- 日记本和毡头笔。

替代选择：油画棒、拼贴材料。

活动

1. 在纸袋上画一张脸和你最害怕或感到最不舒服的情绪表情，制作一个纸袋面具。

2. 看着完成的面具，写出你对它的反应。给面具起个名字，然后用非惯用手在日记本上写出面具要说的话。

- 如果面具能讲话，它会对你说什么？
- 它有什么要教给你的或给予你的？

克里斯蒂安决定勇敢面对愤怒，他做了一个愤怒的面具（如图10-2所示）。这个面具表现了在克里斯蒂安最可怕的噩梦中出现的面孔：这是愤怒的面具，一张怒气冲冲的脸。这是他最害怕的情绪，然后他画了一幅如图10-1的画，标题为《受到了黑暗、邪恶力量的控制》。这幅画一开始吓到他了，他很不喜欢这幅画。然而通过把愤怒画出来，看着画中的愤怒，他发现在愤怒面前他不再畏缩。

图10-2 克里斯蒂安做的愤怒面具

小时候，克里斯蒂安父亲的大发雷霆压垮了他。现在，成年后的克里斯蒂安意识到，他可以从记忆深处把过去的创伤拉入现实，这样他就能去治愈它。在一对一的咨询中，根据画中他愤怒的爸爸和小时候害怕的他自己，我们做了一些动作。我让克里斯蒂安做出画中畏缩的孩子的姿势。他跪在地板上，做出了近似胎儿的姿势。就好像在避免自己受到伤害，他用右手（惯用手）护住头，左胳膊和左手抱住上腹部。

我指导克里斯蒂安闭着眼睛冥想，让他想象他周围有保护他的白光，就像画中脆弱的小孩周围空白的纸一样。然后我说，作为成年人，他现在可以像植物一样自由生长，沐浴在阳光里。此时，克里斯蒂安开始慢慢像树叶一样打开蜷缩的身体。他跳着可爱的舞蹈，从地上伸展开，直到伸展成挺拔的姿势。他怀抱着想象中的内在小孩，以此表现慈爱的父母。接下来，他把双臂轻轻放回体侧，采取了充满力量和慈悲的保护型父母的姿势。

之后克里斯蒂安说他感到获得了自信，能够和他的自我和平相处了。"我觉得我拥有一个光的盾牌，它完全保护着我，"克里斯蒂安说，"过了一会儿，我不需要再抱着内在小孩了，因为他感觉到了我的力量，他知道他得到了保护。"

平衡情绪

材料

- 可以完成一些动作的场地；
- 日记本和毡头笔。

活动

1. 选择一幅或一个描绘了对你来说难以应对的情绪的画或面具。或许你被教导不应该表达这种情绪，或者当其他人表达这种情绪时，你会感到害怕。

2. 盯着你的作品看一会儿，然后做出表达这种情绪的姿势、手势或面部表情。让身体随心所欲地动起来，只要能充分表达这种情绪。

3. 想象自己感受到相反的情绪，就是让你感到舒服，让你强大的情绪。也许一开始你感到悲伤，后来想到了快乐，或者你从脆弱变得坚强。

在头脑中想象新的情绪会是什么样。什么能使你从第一种情绪转变为第二种情绪？你需要保护、力量、滋养吗？

4. 做能够使你从第一种情绪转变为第二种情绪的动作或跳这样的舞蹈。从能够体现第一种情绪的手势或姿势开始。然后动起来，直到你找到能表达第二种情绪的姿势。

5. 用非惯用手画一张关于新情绪的画。用惯用手写出你如何从第一种情绪转变为第二种情绪。

- 你如何让自己能安全地表达这种新情绪？
- 现在你感觉如何？

实现情绪自由从改变开始

当你找到了消极自我对话的源头——内在挑剔的父母，同时强化了内在慈爱、保护型的父母，你就拥有了清理障碍的工具，这些障碍阻碍了你的自我实现。但是，如何衡量你的实现程度呢？可以通过你的情感。你渴望快乐、爱、平和或满足，你希望感到富有创造力，充满热情或其他令人愉快的情绪，你渴望幸福。

大多数人常常会忽视他们想要的情绪状态，执着于达到目的的手段。我们以为自己想要一辆新车，其实我们想要的是新情绪。也许旧车总是出故障，对新车的渴望是在表达"我想要更多的安全感和舒适感"。新车会更可靠，它会减少我的担忧，不用总担心它会抛锚，驾驶体验会更令人舒服。这些都是我想得到的感受和体验，而这辆车只是达到目的的手段。类似地，对伴侣或配偶的渴望可能是在表达"我需要更多的爱，我希望感到被爱，也希望爱另外一个人。"

通过聚焦于你想得到的情绪，然后用杂志照片拼贴画来描绘出你的梦想，你可以创造你想要的生活。这是一种富有成效的白日梦，梦想实现你最渴望的事情。一定要牢记你希望体验的情绪状态。如果不这样，在你得到了想要的人或物之后，可能并不会感觉很好。为什么？因为你并不真正知道自己想要的感受。以下的活动能帮助你聚焦于你想要的情感或体验。

运用你的想象

材料

- 日记本;
- 毡头笔;
- 美术纸;
- 拼贴材料。

活动

1. 在日记本上写出你目前生活的清单。你想改变生活的哪些方面?哪些方面让你感到不舒服、受限、令人不满或令人痛苦?审视生活的所有方面:

- 财务;
- 健康;
- 人际关系;
- 家庭;
- 职业;
- 爱好;
- 其他。

2. 选择你想改变的一个方面。创作一幅这方面的杂志拼贴画。想象你希望它成为的样子。创作一幅拼贴画,表现你在这方面想实现的愿望。这些情绪看起来是什么样的?用照片描绘出它们。

3. 把你的拼贴画挂在墙上,这样你可以经常看到它。

4. 想象一下你对拼贴画所表达的那部分人格的渴望。哪部分自我现在想站出来?

- 是你内在的艺术家吗?
- 内在的企业经理?
- 内在小孩?
- 内在的情人?

5. 用非惯用手,用现在时态,让这个子人格在日记本中写一写,如果已经在生活中表达了它自己会是什么样。这是你生活中的新场景。对于生活中需要改变的部分,你都可以采取这种方法。

改变不一定总是由痛苦引起的,它也可以来自你的想象和创造性自我,它们引导你成长,拓展新体验。如果你想深入探索内心的愿望,把它们发掘出来带入生活,你可以看看我写的《呈现梦想:设计梦想人生的十个步骤》一书。其中涉及拼贴画、写日记,更多地接触你的创造性自我,学会追随它的引导,展示你真正的愿望。这本书还提供了克服创意障碍的工具。

接下来的活动有助于你在生活中运用你的想象。通过聚焦于你希望拥有的情绪和你想培养的品性,你的面前就铺展了一条通向令人满意的生活的道路。

书写新脚本

材料

- 日记本;
- 毡头笔;

- 拼贴材料。

活动

1. 用非惯用手在日记本上写出你对自己想要的生活的描述。强调你想在新生活中培养的情绪和性格特点。也许你想要内心平和、激情、创造力、快乐。

2. 在接下来的几页纸上，通过绘画或拼贴画描绘出和这些情绪或性格特点相关的子人格。

- 这些子人格看起来是怎样的？
- 它们有怎样的感受？
- 它们需要什么？

3. 写出与这些子人格的对话。

- 它们想做什么？
- 它们想告诉你什么？
- 它们如何让你的生活变得更丰富？
- 它们对你有什么需求？

克里斯蒂安通过制作面具、绘画和舞动解决自己的恐惧和愤怒，他还进行了自我内心对话，制作了拼贴画。在自我内心对话中，内在的艺术家走了出来，它需要得到尊重，需要在克里斯蒂安的生活中表达自己。我建议他让内在的艺术家创作一幅拼贴画，以展示它希望克里斯蒂安的生活是怎样的（如图10-3所示）。

看了这幅拼贴画后，我建议克里斯蒂安对这幅画的每个方面都做一做日记对话。他用惯用手提出问题，用非惯用手代表拼贴画中的图像回答问题。每段对话结束后，他都会感谢这幅拼贴画。下面的文字是摘自其日记对话中的一些亮点（按书写的顺序排列）。

图 10-3 克里斯蒂制作展示希望的生活的拼贴画

拼贴画的右下角，我画了一个人在齐胸深的水里，金色和红色的鱼在他肩膀附近跳跃。这幅图叠加在一片水域的照片上，展示了带着大地的力量从水中诞生。图像表达的是：

我和水、土是一体的，我和天空相连。从海洋的深处到光明。我诞生在月圆之夜。野生鲑鱼保护着我的心灵。我穿越大江大河与大海，从我的起源之地回归到起源之地。赋予生命的水、白色的光和宇宙的智慧为我保驾护航。大地母亲的温暖在我们的血管里流动。我是你的智慧。我承载着你生命所需的一切。相信我……让我做你的内在向导。相信我。在沉静时刻,你会在自己的内心找到我。我从你的潜意识中浮现出来。

克里斯蒂安继续这样的对话,让拼贴画中每个图像通过写的方式表达自己。以下是他对画拼贴画活动的看法:

拼贴画给我提供了如何生活的完整手册。尽管它没有提供具体解答,但为我指出了找到解答的方法。它是指南,每当我感到迷茫时,我会看着这幅拼贴画,进行思索。这个部分在表达什么?那个图形要告诉我什么?它就像个人自己的《圣经》。

随机选图像很有趣,不过当我开始和它们进行对话时,我发现每幅图都在恰当的位置上,每幅图都有自己的意义。这完全不是巧合,每幅图组合在一起,形成一个整体。这幅拼贴画体现了我的生活。在完成这幅拼贴画后,我画了一幅水彩海景,描绘了我看到的海边日落(如图10-4所示)。这是大约30年来我第一次画画,30年前我还是名学生。

这是一个实验,尝试把我对最近看到和拍摄的日落的感受,用颜料表现在纸上。我想把在自我内心对话中遇到的内在艺术家表达出来。这就是内在艺术家的表达方式,我很开心。对于第一幅水彩画

图10-4 克里斯蒂安所画的海边日落

来说，它很棒。我很喜欢它，内在的批评家没有出现。

后来，克里斯蒂安创作了一幅名为《开心的男孩》的拼贴画（如图10-5所示）。

图 10-5　克里斯蒂安创作的名为《开心的男孩》的拼贴画

以下是他对这幅拼贴画的评论：

它很好地表达了快活的感受。在开始拼贴时，我本想创作一幅只有文字的拼贴画。但是当我看到这三个男孩的照片时，我决定用它。在创作这幅拼贴画时，我采用了更多的艺术手法：色彩、设计。字母就像我扔出去的骰子，随意地落下。这幅拼贴画表达的是快乐，无忧无虑。我内在的小孩喜欢玩耍，喜欢闲荡，喜欢和别人在一起。

接下来克里斯蒂安去夏威夷度了两周假，那里包含他的拼贴画中的所有图像。他重视内在的艺术家（摄影师和画家），带去了很多胶片和美术用品，用来描绘他的内心体验。

克里斯蒂安从过去那个畏缩的孩子成长为强有力的男人，发现了自己深藏的创造力。他的故事是通过艺术表达发现自我的英雄之旅。它引起了职业的改变，创造了新的人生。

我希望你也能开始寻找圣杯的冒险之旅，你的圣杯就是你的创意自我。跟随你的情绪，画出它们，写出它们，舞出它们，唱出它们。活得精彩，活出你的情感。

The Art of Emotional Healing by Lucia Capacchione

ISBN：978-1-59030-306-1

Copyright © Lucia Capacchione, 2001

First published in 2001 by Shambhala Publications, Inc.

Published by arrangement with Shambhala Publications, Inc. through Bardon-Chinese Media Agency.

Simplified Chinese translation copyright © 2024 by China Renmin University Press Co., Ltd.

All Rights Reserved.

本书中文简体字版由 Shambhala Publications, Inc. 通过博达授权中国人民大学出版社在全球范围内独家出版发行。未经出版者书面许可，不得以任何方式抄袭、复制或节录本书中的任何部分。

版权所有，侵权必究。

北京阅想时代文化发展有限责任公司为中国人民大学出版社有限公司下属的商业新知事业部，致力于经管类优秀出版物（外版书为主）的策划及出版，主要涉及经济管理、金融、投资理财、心理学、成功励志、生活等出版领域，下设"阅想·商业""阅想·财富""阅想·新知""阅想·心理""阅想·生活"以及"阅想·人文"等多条产品线，致力于为国内商业人士提供涵盖先进、前沿的管理理念和思想的专业类图书和趋势类图书，同时也为满足商业人士的内心诉求，打造一系列提倡心理和生活健康的心理学图书和生活管理类图书。

《舞动：以肢体创意开启心理疗愈之旅》

- 第一本针对国内读者编写的一部理论体系全面、案例翔实、图文并茂、可操作性极强、中西结合的舞动治疗专业教科书。
- 用创造性的肢体语言疏导自己的感情和内心冲突的舞动心理治疗可以促进个体情绪、情感、心灵、认知等层面的整合，改善心智，达到缓解心理压力的目的。

《以画疗心：用艺术创作开启疗愈之旅》

- 艺术治疗领域权威专家的倾心之作。
- 用艺术创作的疗愈力量，进行内心的自我修复，寻找幸福的回归。

《烦恼消消乐：甩掉焦虑、抑郁、愤怒、压力、恐惧的漫画书》

- 作者的家人有与焦虑、广场恐惧症、恐慌症和抑郁症做斗争的经历，本人在Instagram上运营的自媒体账号"健康之旅"粉丝超过30万。
- 这是一个用精深的专业功底、通俗易懂的语言及生动的插画，为读者提供一个又一个有效的解决方案的百宝箱。
- 教育部青年长江学者蔺秀云、美国哈佛大学心理学博士岳晓东、临床心理学博士徐凯文、中国科学院心理研究所国民心理健康评估发展中心负责人陈祉妍、中国社会工作联合会心理健康工作委员会常务理事张久祥联袂推荐。

《了不起的小狐狸：用力生活，用力爱》

- 作者亲手绘制了100多幅治愈系插画，并配上了暖心的文字。
- 如果你正在与抑郁、自卑、焦虑、饮食失调或其他心理健康问题做斗争，建议你一定要读一读它。

《依恋与亲密关系:情绪取向伴侣治疗实践(第3版)》

- EFT创始人、美国"婚姻与家庭治疗杰出成就奖""家庭治疗研究奖"获得者扛鼎之作,作者嫡传唯一华裔弟子刘婷博士倾心翻译。
- 本书是经过重大修订与扩展的第3版,突显了自第2版以来以实证研究为基础的许多重大进展。
- "婚姻教皇"约翰·戈特曼博士、美国西北大学家庭研究所高级治疗师杰伊·L.勒博博士、我国教育部长江学者特聘教授方晓义博士、华人心理治疗研究发展基金会执行长王浩威博士、实践大学家庭咨商与辅导硕士班谢文宜教授联袂推荐。

《情绪聚焦疗法的刻意练习》

- 对咨询师来说,阅读本书不但可以一窥EFT"内功"之究竟,而且可以通过书中的练习,加以操练,既可以提升自我的身体与情绪的觉察力,又可以改善对他人的面部表情、肢体语言和声音变化的感知力,最终能够使自己的"全人"成为一个共鸣箱——与来访者的情感和身体共振的"器皿"。
- 中国首位国际EFT学会认证培训师、EFT国际认证中国区负责人陈玉英博士以及美国路易斯安那理工大学心理学与行为科学系的谢东博士联袂推荐。